主 编/冯大福 刘 庆

CONSTRUCTION ENGINEERING SURVEYING

（3rd Edition）

建筑工程测量

（第3版）

『互联网+』新形态信息化教材

天津大学出版社
TIANJIN UNIVERSITY PRESS

U0218455

内容简介

本书是为了满足土建大类专业最新人才培养目标和教学改革要求,依据党的二十大报告有关精神和新版《中华人民共和国职业教育法》的相关规定,坚持立德树人、德技兼修的育人理念,由教学名师、师德先进个人牵头,在征求企业相关领域专家和技术骨干意见的基础上,采用项目化、任务式的方式组织工学结合团队编写的"互联网＋"新形态信息化教材。

教材内容包括测量基本知识、水准测量、角度测量、距离测量、全站仪的使用、测量误差、控制测量、大比例尺地形图测绘、地形图的应用及土石方工程施工测量、施工测量的基本方法、建筑施工测量、建筑物的变形观测。

本书可作为高职高专院校和高职本科院校土建大类专业的基础教材,也可供相关爱好者参考学习。

图书在版编目（CIP）数据

建筑工程测量 / 冯大福，刘庆主编. -- 3 版.
天津 : 天津大学出版社，2024. 8. -- (全国高职高专
院校土建大类专业规划教材）（"互联网+"新形态信息
化教材). -- ISBN 978-7-5618-7796-8

Ⅰ. TU198
中国国家版本馆CIP数据核字第2024SN9567号

JIANZHU GONGCHENG CELIANG

出版发行	天津大学出版社	
地　　址	天津市卫津路92号天津大学内（邮编：300072）	
电　　话	发行部：022-27403647	
网　　址	www.tjupress.com.cn	
印　　刷	北京盛通印刷股份有限公司	
经　　销	全国各地新华书店	
开　　本	787mm×1092mm　1/16	
印　　张	15.5	
字　　数	395千	
版　　次	2024年8月第1版	
印　　次	2024年8月第1次	
定　　价	65.00元	

前　言

新版《中华人民共和国职业教育法》首次以法律形式确定了职业教育是与普通教育具有同等重要地位的教育类型。党的二十大报告提出,建设现代化产业体系、全面推进乡村振兴、加快发展方式绿色转型,深入实施科教兴国战略、人才强国战略、创新驱动发展战略,并且再次强调"坚持教育优先发展",这为推动职业教育高质量发展提供了强大动力。

作者团队立足新时代,面向新征程,根据新版《中华人民共和国职业教育法》和二十大以来国家新形势、新发展、新业态的要求,结合专业岗位的技能培养,按照教育部颁布的《高等职业学校有关专业教学标准》和《职业教育专业简介》的要求落实教材改革,将课程思政入教材、入课堂、入头脑,由双师型教师、师德先进个人、企业相关领域的专家牵头,在征求行业专家及技术骨干、相关兄弟院校意见的基础上,采用项目化、任务式相结合的形式组织工学结合团队编写本部"互联网+"新形态信息化教材。

本教材全面落实立德树人根本任务,遵循高素质技术技能型人才成长规律、社会发展规律、教育教学规律和教材建设规律,突出体现以学生为中心,体现职业教育新理念、工学结合、产教融合、科教融汇等贯通培养,以融媒体和二维码方式保持教材内容的交互性和与时俱进。本教材第一版是2007年为实施首批国家示范性高等职业院校建设计划而编写的,经历了十余年时间的应用,至今仍受到广大读者的喜爱。有了多年理论和实践的积淀,为了紧跟现代测绘科学技术和建筑工艺的快速发展,是时候推出本教材的最新版了。在之前版本的基础上,对教材内容又进行了大胆的改革,增加了高质量的微课视频等资源。丰富的线上、线下立体资源,让本教材必将成为职业院校土建类专业学生、教师,以及企业技术人员学习的得力助手。

本教材以建筑工程测量工作过程为主线进行项目划分,将建筑工程测量的理论知识和实操融入其中,以项目为载体,以任务为驱动,以培养学生进行建筑工程测量的职业能力为目标。教材以建筑工程测量项目实施过程编排了以下内容:测量基本知识、水准测量、角度测量、距离测量、全站仪的使用、测量误差、控制测量、大比例尺地形图测绘、地形图的应用及土石方工程施工测量、施工测量的基本方法、建筑施工测量、建筑物的变形观测。

本书贯彻落实党的二十大提出的"必须坚持科技是第一生产力、人才是第一资源、创新是第一动力,深入实施科教兴国战略、人才强国战略、创新驱动发展战略,开辟发展新领域新赛道,不断塑造发展新功能新优势"等指导思想,注重在教材中融入创新思维和发展思维。书中各项目安排了课程思政案例,将工匠精神、求实创新、团队意识、质量意识、标准意识、文化自信、勇于奉献等思政元素融入教材内容,以期达到思政教育与专业教育协同育人的目标。

本书由重庆工程职业技术学院冯大福、重庆工商学校刘庆任主编，重庆工程职业技术学院徐小珊、长江设计院长江空间信息技术工程有限公司吴继业、广州中海达卫星导航技术股份有限公司陶义、重庆工商学校马祥华、烟台黄金职业学院曹英莉、柳州铁道职业技术学院郭程方任副主编。具体编写分工如下：项目 1、项目 4、项目 6、项目 9、项目 10、附录 1、附录 2 由冯大福编写；项目 2 由刘庆编写；项目 3 由郭程方编写；项目 5 由陶义编写；项目 7 由马祥华编写；项目 8 由曹英莉编写；项目 11 由徐小珊编写；项目 12 由吴继业编写；全书由冯大福和刘庆统稿。

邀请全国水利行业首席技师、全国技术能手吴继业作为本教材的副主编之一参与编写，书中一些内容是他几十年从事测绘类工作的宝贵经验积累、提炼和升华；本教材还邀请了广州中海达卫星导航技术股份有限公司陶义工程师作为副主编参与教材编写，他把最新建筑工程测量仪器的操作使用方法非常专业地向读者作了详细介绍。主编和其他编写人员，都有着十分丰富的建筑施工测量教学经验和教材编写经验，编写团队紧紧围绕培养技能型人才培养目标，充分讨论并最终定稿的教材编写大纲，保障了教材内容的系统性、先进性和实用性。

特别要感谢重庆工商学校刘庆、马祥华、张小锋和胡人予等老师，将精心录制的 56 个微课视频无私地分享给本书读者。本教材对应的省级精品在线开放课程"建筑工程测量"（学银在线平台课程网址：**https://www.xueyinonline.com/detail/241561702**，在线课程由本书主编刘庆主持）为读者提供了更多的资源和学习便利。

本书在编写过程中，参阅了大量文献，引用了同类书刊中的一些资料，在此谨向有关作者表示谢意！对天津大学出版社为本书出版所付出的辛勤劳动表示衷心感谢！

由于作者水平有限，书中不妥和错漏之处在所难免，恳请读者批评指正。真诚希望能够将批评意见反馈给我们，以便修订更正。敬请读者朋友将使用本书过程中发现的问题和建议及时发送至 273926790@qq.com 邮箱或微信 273926790 联系。

编　者
2024 年 5 月

目　录

数字资源清单

课程思政清单

项目 1

测量基本知识

项目概述

本项目主要介绍铅垂线、大地水准面、参考椭球体、测量坐标系统、地理坐标、高斯平面直角坐标、高程、高差、常见的坐标系统和高程系统等。

学习目标

知识目标：掌握铅垂线和大地水准面的概念；掌握地面点平面位置的坐标表示方法；掌握高程和高差的表示方法；了解常见的坐标系统和高程系统。

技能目标：能正确建立测量坐标系；能正确计算高程和高差。

素养目标：①培养不畏艰辛、吃苦耐劳的测绘精神；②注重养成认真细致、精益求精的工作作风；③逐步培养沟通交流的习惯、分工协作的团队意识。

关键内容

重点：铅垂线、大地水准面、参考椭球体、测量坐标系统、地理坐标、高斯平面直角坐标、高程、高差。

难点：地理坐标、高斯平面直角坐标。

任务 1.1 认识测量学

课程思政：工匠精神

1.1 建筑工程测量任务

1.1.1 测量学简介

测量学是研究地球空间信息的科学。具体来说，它是一门研究如何确定地球形状和大小，测定地面、地下和空间各种物体的几何形态等信息的科学。其任务有以下三点：一是精确地测定地面点的平面位置和高程，确定地球的形状和大小；二是对地球表面和外层空间的各种自然和人造物体的几何、物理和人文信息及其时间变化进行采集、量测、存储、分析、显示、分发和利用；三是进行经济建设和国防建设所需要的测绘工作，推动生产与科技的发展。

测量学是测绘科学技术的总称，按照研究范围与测量手段的不同，将测量学所涉及的技术领域，分为如下分支学科。

大地测量学 大地测量学是研究地球表面的点位测定及整个地球的形状、大小和地球重力场测定的理论和方法的学科。大地测量学中测定地球的大小，是指测定地球椭球的大小;研究地球形状,是指研究大地水准面的形状;测定地面点的几何位置,是指测定以地球椭球面为参考面的地面点的位置。它为地球科学、空间科学、地震预报、陆地变迁、地形图测绘及工程施工提供控制依据。随着人造卫星的发射和遥感技术的发展,现代大地测量学又分为常规大地测量学和卫星大地测量学。

　　地形测量学　地形测量学研究如何将地球表面较小区域内的地物(自然地物和人工地物)和地貌(地球表面起伏的形态)测绘成地形图的基本理论、技术和方法的学科。由于地表形态的测绘工作是在面积不大的测区内进行的,但地球曲率半径很大(地球半径为 6 371 km),可将小区域球面近似作为平面不考虑地球曲率及地球重力场的微小影响,使测量计算得到简化。把地球表面的各种自然形态,地貌、森林植被、土壤和水系等,以及人类社会活动所产生的各种人工形态,道路、居民地、管线等各种建筑物的位置采用正射投影的理论,按一定比例,用规定的符号,相似地缩绘到平面图上,这种图叫做地形图。地形图作为规划设计和工程施工建设的基本图件,在国民经济和国防建设中起着非常重要的作用。地形测量学是测量学的基础。

　　摄影测量学　摄影测量学是利用航空或航天器、陆地摄影仪等对地面摄影或遥感,获得地物和地貌的影像和光谱,然后对这些信息进行处理、量测、判释和研究,确定被测物体的形状、大小和位置,并判断其性质、属性、名称、质量、数量等,从而绘制成地形图的基本理论和方法的一门学科。摄影测量主要用于测制地形图,它的原理和基本技术也适用于非地形测量。出现影像的数字化技术以后,被测对象既可以是固体、液体,也可以是气体;可以是微小的,也可以是巨大的;可以是瞬时的,也可以是变化缓慢的。只要能够被摄得影像,就可以使用摄影测量的方法进行量测。这些特性使摄影测量方法得到广泛应用。用摄影测量手段成图是当今大面积地形图测绘的主要方法。目前,1∶50 000 至 1∶10 000 的国家基本图主要就是用摄影的方法完成的。摄影测量发展很快,与现代遥感技术相配合使用的光源可以是可见光或近红外光,运载工具可以是飞机、卫星、宇宙飞船及其他飞行器。摄影测量与遥感已成为非常活跃和富有生命力的一个独立学科。

　　工程测量学　工程测量学是研究工程建设在规划设计、施工放样和运营管理各阶段中进行测量工作的理论、技术和方法的科学,又称为实用测量学或应用测量学。它是测绘学在国民经济和国防建设中的直接应用。按工程建设进行的程序,工程测量在各阶段的主要任务有:规划设计阶段所进行的测量工作,是将图上设计好的建筑物标定到实地,确保其形状、大小、位置和相互关系正确,称为放样;施工阶段进行的各种施工测量,是在实地准确地标定出建筑物各部分的平面和高程位置,作为施工和安装的依据,确保工程质量和安全生产;工程竣工后,要将建筑物测绘成竣工平面图,作为质量验收和日后维修的依据,称为竣工测量;对于大型工程,高层建筑物、水坝等,工程竣工后,为监视工程的运行状况,确保安全,需进行周期性的重复观测,称为变形监测。工程测量服务的领域非常广阔,有军事建筑、工业与民用建筑、道路修筑、水利枢纽建造等。工程测量按其建设的对象可分为城市测量、铁路工程测量、公路工程测量、水利测量、地籍测量、建筑测量、工业厂区施工安装测量等。

　　矿山测量学　矿山测量学是采矿科学的一个分支学科,是采矿科学的重要组成部分,综合运用测量、地质及采矿等多种学科的知识,来研究和处理矿山、地质勘探和采矿过程中由矿体到围岩、从井下到地面在静态和动态条件下的工作空间几何问题,确保矿产资源合理开

发、安全生产和矿区生态环境整治的一门学科。矿山测量学包括以下三项内容。一是矿山测量工程,研究矿区控制测量、地形测量、建井和开拓时期的施工和设备安装测量;矿山生产时期的井下控制测量、采区生产测量及各种生产设施的运行状况监测等,被誉为"矿山的眼睛"。二是研究矿体几何和储量管理,确保矿产资源的合理开发和生产中准备煤量与开采煤量的合理接续。三是研究资源开采后所引起的岩层移动、地表沉陷规律以及露天矿边坡的稳定性和保护地面建筑物、造地复田和环境治理的理论和方法。

制图学 制图学是以地图信息传输为中心,探讨地图及其制作的理论、工艺技术和使用方法的一门综合性学科,主要研究用地图图形反映自然界和人类社会各种现象的空间分布、相互联系及其动态变化,具有区域性学科和技术性学科的两重性,亦称地图学。主要内容包括地图编制学、地图投影学、地图整饰和制印技术。现代地图制图学还包括用空间遥感技术获取地球、月球等星球的信息,编绘各种地图、天体图以及三维地图模型和制图自动化技术等。

海洋测量学 海洋测量学是研究测绘海岸、水体表面及海底和河底自然与人工形态及其变化状况的理论、技术和方法的学科。

以上几门分支学科既自成体系,又密切联系,互相配合。

1.1.2 测量学的发展概况

测量学是人类在生产实践中不断发展而形成的一门应用学科,有着悠久的历史。我国是世界文明古国之一。据《史记》记载,早在夏禹治水时,我国劳动人民就已发明"准、绳、规、矩"等测量工具。春秋战国时期发明的指南针,直到现在还被全世界广泛地应用。3 000多年前的管仲在其所著的《管子》一书中,收集有我国早期地图 27 幅,对地图的作用已有论述。战国时代的李冰父子主持修建了都江堰,这一历史上伟大的工程,若不进行大量的测量工作是无法完成的。1973 年长沙马王堆三号汉墓出土的西汉初期编绘的《地形图》《城邑图》和《驻军图》,是目前发现的我国最早的局部地区地形图。西晋裴秀在《禹贡地域图》序言中阐明的"制图六体",提出了绘制地图的六条原则,这是世界上最早的地形图测量和地图绘制的规范。裴秀编绘的《禹贡地域图》18 幅,是世界上历史最早的历史地图集,其中《地形方丈图》是我国全国地图。唐代开元年间,张遂和南宫说等人在河南开封等地组织测量了约 130 km 子午线弧长,确定了地球的形状和大小,这是世界上最早的子午线弧长测量。北宋沈括绘制了《天下州县图》,首创 24 至方位表示法,突破了前人"四至八到"的定位方法,在他的《梦溪笔谈》中,曾记载了磁偏角现象,这比哥伦布发现磁偏角早 400 年左右。公元 13 世纪和 18 世纪初,我国曾进行过大规模的大地测量工作。18 世纪初还根据大地测量成果,编制了全国地图。我们的祖先在地图绘制理论、绘制材料等方面,成果辉煌,对测量的发展和世界文化,做出了卓越的贡献。

世界各国测绘科学技术的发展主要始于 17 世纪初叶。这个时期,测绘科学在理论、技术和仪器等方面都有了长足进步。17 世纪初望远镜的发明,是测绘科学发展史上一次较大的变革,奠定了现代测绘仪器的基础。1617 年,三角测量方法开始得到应用。约于 1730年,英国的西森制成测角用的第一台经纬仪,大大促进了三角测量的发展,使它成为建立各种等级测量控制网的主要方法。在这一段时期里,欧洲又陆续出现小平板仪、大平板仪以及水准仪,地形测量和以实测资料为基础的地图制图工作得到相应发展。1859年,法国洛斯达首创摄影测量方法。随后,相继出现立体坐标量测仪、地面立体测图仪等。由于航空技术的发展,1915年出现自动连续航空摄影机,可以将航摄像片在立体测图仪器上加工成地形图。这个时期,测绘理论有了重大突破:在地图制图方面,有德国墨托卡提出的"正形圆柱投影"、法国雅艺·卡西尼提出的"横圆柱投影"和法国兰伯特提出的"正形圆锥投影"等理论,奠定了现代地图制图理论的基础;在测量计算方面,1806年和1809年法国的勒让德和德国的高斯分别发表了最小二乘法准则和平均海水面概念,为测量平差数据的计算奠定了科学基础。自20世纪50年代以来,不少新的科学技术如电子学、信息论、激光技术、电子计算机、空间科学技术的飞速发展,推动了测绘科技的发展。自1947年研究利用光波进行测距,到20世纪60年代中期,红外光、激光测距仪相继问世。20世纪40年代自动安平水准仪问世,1968年又生产出电子经纬仪。此后,电子速测仪、激光水准仪、数字水准仪相继问世,实现观测记录自动化,测角、测距和计算一体化。以照片、遥感图像为处理对象的数据处理系统,已完全实现摄影遥感成图自动化。

1957年人类成功发射第一颗人造地球卫星,开创了人类宇宙航行的新纪元。1966年开始进行人卫大地测量,随后,许多现代定位技术应运而生,其中最具代表性的是美国的卫星全球定位系统(简称GPS定位)。GPS定位有全天候、高精度、定位速度快、布点灵活和操作方便等特点,经典的平面控制测量正逐渐被GPS测量所取代。20世纪60年代以来,近代光学、电子技术、人造卫星、航天技术的迅猛发展,为测量科学技术开辟了广阔的道路。测量学已由地面测量发展到卫星空间测量。测量对象也由地球表面扩展到太空星球,由静态测绘发展到动态跟踪测量。计算机技术在测量中的广泛应用,使测量工作向着自动化和数学化方向发展。

中华人民共和国成立后,我国的测绘事业也进入了崭新的发展阶段。1950年解放军原总参谋部设立测绘局,1956年国家测绘局成立,相继创办解放军测绘学院和武汉测绘学院。中国科学院成立了测量与地球物理研究所,煤炭、冶金、地质、石油、水利、铁道、海洋等部门的大专院校相继设立测量系或测量专业。我国测绘事业发展很快,在全国范围内建立了国家大地网、国家水准网、国家基本重力网和卫星多普勒网,对国家大地网进行了整体平差,建立了我国"1980年国家大地坐标系"和"1985年国家高程基准"。测绘仪器生产方面,从无到有,现在不仅能生产各种常规测绘仪器,还能生产现代化精密测绘仪器,电磁波测距仪、自动安平水准仪、电子经纬仪、全站仪、GPS接收机等。我国测量工作者在宝成铁路、葛洲坝水利枢纽、长江大桥、南极长城站、大型工矿业建设、北京正负电子碰撞机等工程中,做出了卓越贡献。

1993年7月1日,我国历史上第一部测绘法律《中华人民共和国测绘法》正式实施,并于2002年8月进行了修订,标志着我国测绘工作走上法制轨道,确定了测绘事业、各级测绘主管部门和广大测绘工作者的法律地位,它必将积极地促进我国测绘事业的发展。

1.1.3 测绘学科在国民经济建设中的作用

科学技术突飞猛进,经济发展日新月异。测绘越来越受到普遍重视,其应用领域不断扩大。在国民经济建设中,测量技术的应用非常广泛。铁路、公路建设前,为了确定一条最经

济、最合理的路线,事先必须进行该地带的测量工作,由测量成果绘制带状地形图,在地形图上进行线路设计,然后将设计的路线标定在地面上,以便进行施工;路线跨越河流时,必须建造桥梁,建桥前,要绘制河流两岸的地形图,为桥梁设计提供重要的图纸资料,最后将设计的桥墩位置用测量的方法在实地标定出来;矿山井下各矿井之间,同一矿井各水平之间需要掘进巷道,巷道开挖前,需要测量标定巷道的开口位置和巷道的掘进方向,以保证巷道的正常贯通。城市规划、给水排水、煤气管道等市政工程的建设,工业厂房和高层建筑的建造,设计阶段要测绘各种比例尺的地形图,供工程建设设计使用;施工阶段,要将设计的平面位置和高程在实地标定出来,作为施工的依据;待工程完工后,还要测绘竣工图,供以后改扩建和维修之用,对某些重要的建筑物和构筑物,在其建成以后,还需要进行变形观测,确保安全使用。房地产的开发、管理和经营中,房地产测绘起着重要的作用。地籍图和房产图以及其他测量资料准确地提供了土地的行政和权属界址,每个权属单元(宗地)的位置、界线和面积,每幢房屋与每层房屋的几何尺寸和建筑面积,经土地管理和房屋管理部门确认后具有法律效力,可以保护土地使用权人和房屋所有权人的合法权益,为合理开发、利用、管理土地和房产提供可靠的图纸和数据资料,为国家对房地产的合理税收提供依据。测绘学在国民经济建设和国防建设中的主要作用可归纳成以下几方面。

①提供地球表面一定空间内点的坐标、高程和地球表面点的重力值,为地形图测绘和地球科学研究提供基础资料。

②提供各种比例尺地形图和地图,作为规划设计、工程施工和编制各种专用地图的基础图件。

③准确测绘国家陆海边界和行政区划界线,以保证国家领土完整和睦邻友好。

④为地震预测预报、海底和江河资源勘测、灾情和环境的监测调查、人造卫星发射、宇宙航行技术等提供测量保障。

⑤为地理信息系统的建立获得基础数据和图纸资料,以提供经济建设的决策参考。

⑥为现代国防建设和国家安全提供测绘保障。

任务 1.2　地球的形状与大小

1.2 地面点位的确定

测量工作的任务是确定地面点的空间位置,其主要工作是在地球自然表面进行的,地球的自然表面是不规则的,高低起伏,相差悬殊。最高的珠穆朗玛峰海拔 8 848.86 m(2020 年测得的数据),最低的马里亚纳海沟海拔-11 034.00 m。尽管有这样大的高低差距,但相对于平均半径为 6 371 km 的地球来说仍可忽略不计。

1.2.1　铅垂线

地球上的任一物体,因受地球引力影响而不会脱离地球。地球在不停地自转,使物体受离心力的作用。一个物体实际上所受到的力是地球引力与离心力的合力,这个合力就是重力(见图 1.1)。

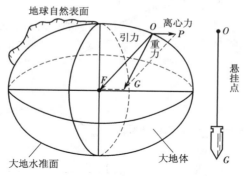

图 1.1   重力与铅垂线

重力的方向线称为铅垂线。铅垂线是测绘外业工作的基准线。

取得重力方向的一般方法,是用细绳悬挂一个垂球 G,细绳即为悬挂点 O 的重力方向,通常称它为垂线或铅垂线方向。

1.2.2   大地水准面

地球的自然表面形状十分复杂,不便于用数学式来表达。地球表面的总面积为 5.1 亿 km²,其中,海洋面积为 3.61 亿 km²,约占地球表面的 71%,陆地面积为 1.49 亿 km²,约占地球表面的 29%,可把海水面所包围的地球形体看作地球的形状。也就是设想有一个静止的平均海水面,向陆地延伸而形成一个封闭的曲面。由于海水有潮汐,时高时低,所以取平均静止的海水面作为地球形状和大小的标准。

相对密度相同的静止海水面称为水准面。水准面是重力场的一个等位面。等位面处处与产生等位能的力的方向垂直,也就是说,水准面是一个任何一点的切面都与该点重力方向垂直的连续曲面。与水准面相切的平面称为水平面。

水准面有无数个,与平均静止的海水面吻合并向大陆、岛屿内延伸而形成的闭合曲面,称为大地水准面,如图 1.2(a)和(b)所示。

大地水准面是一个特定重力场的水准面,是测量外业工作的基准面。由大地水准面所包围的地球形体,称为大地体。

1.2.3   参考椭球体

地球引力的大小与地球内部的质量有关,地球内部的质量分布不均匀,这就引起地面上各点的铅垂线方向产生不规则的变化,因此大地水准面实际上是一个不规则曲面,甚至无法在这个曲面上进行测量数据处理。

为此,从实用角度出发,用一个非常接近于大地水准面而又可用数学式表示的几何形体来代替地球的形状作为测量计算工作的基准面。这个几何形体以一个椭圆绕其短轴旋转而成,一般称其为旋转椭球体,外表面为旋转椭球面,如图 1.2(c)所示。旋转椭球体定位以后叫参考椭球体,参考椭球体的表面是参考椭球面。对参考椭球面的数学式加入地球重力异常变化参数的改正,便得到大地水准面的近似数学式。

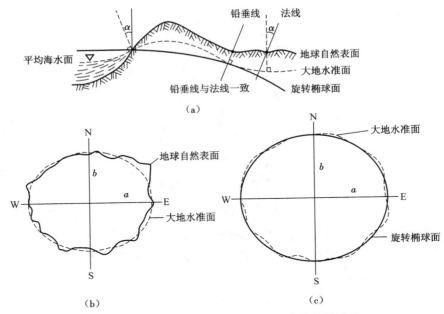

图 1.2　地球的自然表面、大地水准面和旋转椭球面

实际工作中,参考椭球面是测量内业计算的基准面,大地水准面是测量外业工作的基准面。以大地水准面作为测量外业工作的基准面有以下两方面原因:一是当对测量成果的要求不十分严格时,不必改正到参考椭球面上;二是实际工作中,可以非常容易地得到水准面和铅垂线。用大地水准面作为测量的基准面可大大简化操作和计算工作,水准面和铅垂线成为一般性(外业)测量工作的基准面和基准线。

旋转椭球体是绕椭圆的短轴 NS 旋转而成的,如图 1.3 所示。包含旋转轴 NS 的平面与椭球面相截的线是一个椭圆,而垂直于旋转轴的平面与椭球面相截的线是一个圆。椭球体的基本元素是:长半轴(a)、短半轴(b)和扁率(α)。

$$\alpha = \frac{a-b}{a}$$

旋转椭球面是一个数字表面,在直角坐标系 $O\text{-}XYZ$ 中(图 1.3),其标准方程为

$$\frac{X^2}{a^2} + \frac{Y^2}{a^2} + \frac{Z^2}{b^2} = 1 \tag{1.1}$$

为了确定大地水准面与参考椭球面的相对关系,如图 1.4 所示,可在适当地点选择一点 P,设想椭球体和大地体相切,切点 P' 位于 P 点的铅垂线方向上,这时椭球面上 P' 的法线与该点大地水准面的铅垂线相重合,这项确定椭球体与大地体之间相互关系并固定下来的工作称为参考椭球体的定位。P 点称为大地原点。

我国目前所采用的参考椭球体为 1980 年国家大地测量参考系,其原点在陕西省泾阳县永乐镇,称为国家大地原点。其基本元素值见表 1.1。

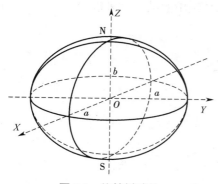

图 1.3 旋转椭球体

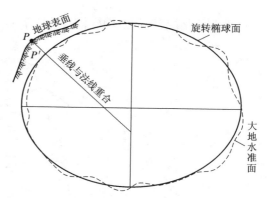

图 1.4 参考椭球体的定位

表 1.1 参考椭球体元素值

参考椭球体	长半轴 a(m)	短半轴 b(m)	扁率 α	年代和国家
德兰布尔	6 375 653	6 356 564	1:334.0	1800 年法国
白塞尔	6 377 397	6 356 079	1:299.2	1841 年德国
克拉克	6 378 249	6 356 515	1:293.5	1880 年英国
海福特	6 378 388	6 356 913	1:297.0	1909 年美国
克拉索夫斯基	6 378 245	6 356 863	1:298.3	1940 年苏联
我国 1980 年国家大地测量坐标系	6 378 140	6 356 755	1:298.257	1975 年国际大地测量与地球物理联合会

参考椭球体的扁率很小,在普通测量中可把地球作为圆球看待,其半径为

$$R = \frac{1}{3}(a + a + b) = 6\,371\text{ km}$$

可视为参考椭球体的平均半径或称为地球的平均半径。

任务 1.3 点的坐标表示方法

测量工作的基本任务是确定地面点的空间位置,地面上的物体大多有空间形状,丘陵、山地、河谷、洼地等。为了研究空间物体的位置,数学上采用投影的方法加以处理。一个点在空间的位置,需要三个量来确定。测量工作中,这三个量通常用该点在基准面(参考椭球面)上的投影位置和该点沿投影方向到基准面(一般实用上是大地水准面)的距离来表示。

1.3 测量的基本工作及基本原则

将地面上的点 A、B、C、D、E 沿铅垂线方向投影到大地水准面上,得到 a、b、c、d、e 投影位置,则地面点 A、B、C、D、E 的空间位置就可用 a、b、c、d、e 的投影位置在大地水准面上的坐标及铅垂距离 H_A、H_B、……、H_E 来表示,如图 1.5 所示。

根据实际情况,地面点的坐标可选用下列三种坐标系统中的某一种来确定。

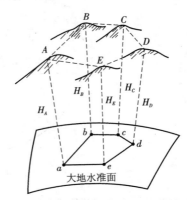

图 1.5　地面点在大地水准面上的投影

1.3.1　地理坐标

地理坐标系属于球面坐标系,根据基准面的不同,分为大地地理坐标系和天文地理坐标系。地理坐标系中,地面点在球面上的位置用经、纬度表示,称为地理坐标。

图 1.6 中,NS 为椭球的旋转轴,N 表示北极,S 表示南极。通过椭球旋转轴的平面称为子午面,通过英国的格林尼治天文台的子午面称为起始子午面。子午面与椭球面的交线称为子午圈,也称子午线。通过椭球中心且与椭球旋转轴正交的平面称为赤道面,它与椭球面相截所得曲线称为赤道。其他与椭球旋转轴正交,但不通过球心的平面与椭球面相截所得交线称为纬圈或平行圈。起始子午面和赤道面是在椭球面上确定某一点投影位置的两个基本平面,也是确定地理坐标的基准面。

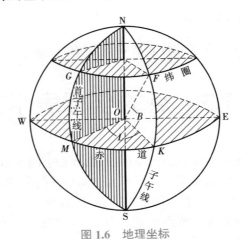

图 1.6　地理坐标

大地坐标系采用大地经度 L 和大地纬度 B 来描述点的空间位置。某点的大地经度,就是通过该点(如图 1.6 中的 F 点)的子午面与起始子午面的夹角;某点的大地纬度就是通过该点(F 点)的椭球面法线与赤道平面的夹角。大地经度 L 和大地纬度 B 统称为大地坐标。大地经度与大地纬度以法线为依据,以参考椭球面为基准面。

　　为求得 F 点的位置,可在该点安置仪器,用天文测量的方法测定。这时仪器的竖轴必然与铅垂线相重合,即仪器的竖轴与该处的大地水准面相垂直。因此,用天文观测所获得的数据是以铅垂线为准,也就是说以大地水准面为基准面。由天文测量求得的某点位置,可用天文经度 λ 和天文纬度 φ 表示,统称为天文坐标。由于铅垂线与法线并不重合,所以 $\lambda \neq L$,$\varphi \neq B$。依据铅垂线与法线的关系(称为垂线偏差),可以将 λ、φ 改算为 L、B,从而获得大地坐标。

　　不论大地经度 L 或是天文经度 λ,都要从一个起始子午面算起。在格林尼治以东的点从起始子午面向东计,由 $0°$ 到 $180°$,称为东经;在格林尼治以西的点则从起始子午面向西计,由 $0°$ 到 $180°$,称为西经(实际上,东经 $180°$ 与西经 $180°$ 是同一个子午面)。我国各地的经度都是东经。不论大地纬度 B 或天文纬度 φ,都从赤道面起算。在赤道以北的点的纬度由赤道面向北计,由 $0°$ 到 $90°$,称为北纬;在赤道以南的点,其纬度由赤道面向南计,由 $0°$ 到 $90°$,称为南纬。我国疆域全部在赤道以北,各地的纬度都是北纬。

1.3.2　高斯平面直角坐标系

　　测区范围较大时,不能把水准面当作水平面。若把地球椭球面上的图形展绘到平面上来,必然产生变形,为使其变形小于测量误差,必须采用适当的投影方法解决这个问题,投影方法有多种,测绘工作中通常采用高斯投影方法。

　　高斯投影方法是将地球按经线划分成带,称为投影带,如图 1.7 所示。投影带从首子午线起,每 $6°$ 经差划为一带,称为 $6°$ 带,自西向东将整个地球划分为经差相等的 60 个带。带号从起始子午线开始,用阿拉伯数字表示。位于各带中央的子午线称为该带的中央子午线(或称轴子午线),第一个 $6°$ 带的中央子午线的经度为 $3°$,任意一个带的中央子午线的经度 L_6,按下式计算

$$L_6 = 6N - 3 \qquad\qquad (1.2)$$

式中:N 为投影带号。

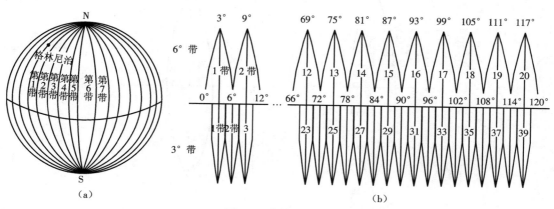

图 1.7　高斯投影带

　　我国境内 $6°$ 带最西的一带为 13 带,最东的一带为 23 带。

　　高斯投影原理如图 1.8(a)所示,设想取一个空心椭圆柱,横套在地球椭球外面,使地球

椭球上某一中央子午线与椭圆柱面相切,在球面图形与椭圆柱面上的图形保持等角的条件下,将整个6°带投影到椭圆柱面上。然后将椭圆柱沿南北极的母线剖切并展开成平面,便得到6°带在平面上的影像,如图1.8(b)所示。

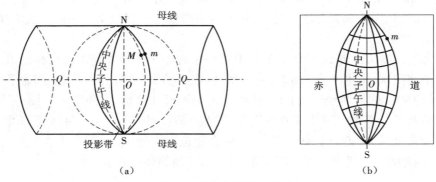

(a)　　　　　　　　　　　　　　　(b)

图1.8　高斯投影原理图

投影后中央子午线与赤道为互相垂直的直线,将中央子午线作为坐标纵轴x,赤道作为坐标横轴y,两轴的交点作为坐标原点,便建立起高斯平面直角坐标系,如图1.9(a)所示。这种坐标既是平面直角坐标,又与大地坐标经纬度发生联系,故可将球面上的点位用平面直角坐标表示。该坐标系规定x轴向北为正,y轴向东为正。我国位于北半球,x坐标值均为正,y坐标则有正有负,如图1.9(a)中,$y_A = +148\ 680.54$ m,$y_B = -134\ 240.69$ m。为避免横坐标出现负值,考虑6°带中央子午线到边界线最远不超过334 km(在赤道上),规定将每带的坐标纵轴向西平移500 km,这样便可避免横坐标出现负数。

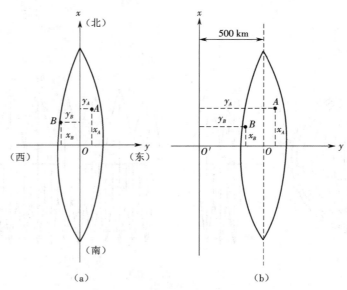

(a)　　　　　　　　　　　　　　　(b)

图1.9　高斯平面直角坐标

如图1.9(b),坐标纵轴西移后,$y_A = 500\ 000 + 148\ 680.54 = 648\ 680.54$ m,$y_B = 500\ 000 +$

（−134 240.69）= 365 759.31 m。

为了能根据横坐标值确定该点位于哪一个 6° 带内,在横坐标值前冠以投影带的编号。例如 A 点位于 20 带内,其横坐标值 y_A 为 20 648 680.54 m,把这种在 y 坐标值上加了 500 km 和带号后的横坐标值称为坐标的通用值,没有加 500 km 和带号的原横坐标值称为自然值。一般情况下,从测绘资料管理部门收集来的坐标资料多为通用值,有时为了使用方便要换算成自然值。

高斯投影的实质是正形投影,即数学中的等角投影。这种投影要产生长度变形,投影在平面上的长度大于球面长度,离中央子午线越远则变形越大,变形过大将影响所测地形图的精度,也影响图纸使用。故精度要求较高时,应将投影带变窄,以限制投影带边缘位置长度变形。可采用 3°、1.5° 或任意分带投影法。采用 3° 带投影时,从东经 1° 30′ 起,每经差 3° 划分一带,全球划分为 120 个带,如图 1.7（b）所示。每带中央子午线的经度 L_3 用下式进行计算

$$L_3 = 3n \hspace{6cm} （1.3）$$

式中:n 为 3° 带的带号。

不同分带之间的同一点,其坐标值可以进行换算,称为坐标换带计算。换带计算可以通过查表或在计算机上用程序进行计算。

1.3.3　独立平面直角坐标系

在小区域内进行测量工作时,采用大地坐标表示地面点位置不方便,通常采用平面直角坐标。某点用大地坐标表示的位置是该点在球面上的投影位置。研究大范围地面形状和大小时,必须把投影面作为球面才符合实际,但研究小范围地面形状和大小时,常把球面的投影面当作平面看待。既然把投影面当作平面,就可以采用平面直角坐标表示地面点在投影面上的位置。测量工作中所用的平面直角坐标与解析几何中所介绍的基本相同,只是测量工作以 x 轴为纵轴,用它表示南北方向,以 y 轴为横轴,表示东西方向,如图 1.10（b）所示。这与数学中的规定不同,其目的是定向方便,可将数学中的公式直接应用到测绘计算中,而不必作任何变更。

为方便实用,测量上用的平面直角坐标的原点有时是假设的。原点 O 一般选在测区的西南角,如图 1.10（a）,假设原点位置时,应注意使测区内各点的 x、y 值为正。

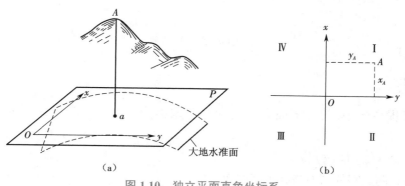

（a）　　　　　　　　　　　　　（b）

图 1.10　独立平面直角坐标系

测区范围较小(半径不大于 10 km)时,可以用测区中心点 a 的切平面代替曲面,则地面点在投影面上的位置可以用平面直角坐标确定。

任务 1.4　点的高程表示方法

1.4.1　高程

地面点到大地水准面的铅垂距离称为该点的绝对高程,简称高程或海拔。

一般测量工作中,都是以大地水准面作为基准面。某点到基准面的高度是指某点沿铅垂线方向到大地水准面的距离,通常称它为绝对高程或海拔,简称高程。图 1.11 中,符号 H 代表高程,图中 H_A 及 H_B 都是绝对高程。如果是任意一个水准面的距离,则称为相对高程,也称为假定高程,如图 1.11 中的 H'_A 及 H'_B。目前,我国采用"1985 年高程基准",绝对高程是以青岛港验潮站历年记录的黄海平均海水面为基准,在验潮站附近建立水准原点,其高程为 72.260 m(称 1985 年国家高程基准,原 1956 年高程基准为 72.289 m)。全国布置的国家高程控制点(水准点),都以这个水准原点为基准(利用旧的高程测量成果时,要注意高程基准的统一和换算)。

个别地区引用绝对高程有困难时,可采用假定高程系统,用任意假定的水准面作为起算高程的基准面。图 1.11 中地面点到某一假定水准面的铅垂距离,称为假定高程。A 点的假定高程为 H'_A,B 点的假定高程为 H'_B。

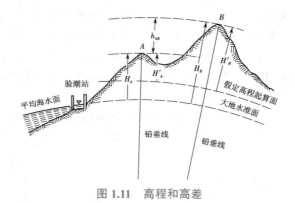

图 1.11　高程和高差

1.4.2　高差

同一高程系统中,两个地面点之间的高程差称为高差。地面点 A 与 B 之间的高差 h_{AB} 为

$$h_{AB} = H_B - H_A = H'_B - H'_A \qquad (1.4)$$

由此可见两点间的高差与高程基准面无关。

任务 1.5　常见的坐标系统和高程系统

1.5.1　1954 年北京坐标系

1954 年北京坐标系,是采用苏联克拉索夫斯基椭圆体,在 1954 年完成测定工作的。过去相当长的时期内,我国都是采用的 1954 年北京坐标系。它是由苏联普尔科沃为原点的 1942 年坐标系的延伸。

1.5.2　1980 年西安坐标系

1980 年国家大地坐标系的大地原点设在我国中部的陕西省泾阳县永乐镇,位于西安市西北方向约 60 公里,简称 1980 年西安坐标系。该坐标系采用 1975 年国际大地测量与地球物理联合会第十六届大会推荐的椭球参数:

长半轴 a=6 378 140 ± 5(m)

短半轴 b=6 356 755.288 2(m)

扁　率 α=1/298.257

第一偏心率平方 =0.006 694 384 999 59

第二偏心率平方=0.006 739 501 819 47

1.5.3　2000 大地坐标系

2000 国家大地坐标系是全球地心坐标系在我国的具体体现,其原点为包括海洋和大气的整个地球的质量中心。Z 轴指向 BIH1984.0 定义的协议极地方向(BIH 国际时间局),X 轴指向 BIH1984.0 定义的零子午面与协议赤道的交点,Y 轴按右手坐标系确定。2000 国家大地坐标系采用的地球椭球参数如下:

长半轴 a=6 378 137 m

扁率 f=1/298.257 222 101

地心引力常数 GM=3.986 004 418 × 10^{14} $m^3 \cdot s^{-2}$

自转角速度 ω=7.292 115 × 10^{-5} rad·s^{-1}

2008 年 3 月,自然资源部正式上报国务院《关于中国采用 2000 国家大地坐标系的请示》,2008 年 4 月获得国务院批准。自 2008 年 7 月 1 日起,中国全面启用 2000 国家大地坐标系,国家测绘局受权组织实施。

1.5.4　WGS-84 坐标系

WGS-84 坐标系(World Geodetic System—1984 Coordinate System),一种国际上采用的地心坐标系。坐标原点为地球质心,其地心空间直角坐标系的 Z 轴指向 BIH (国际时间) 1984.0 定义的协议地球极 (CTP)方向,X 轴指向 BIH1984.0 的零子午面和 CTP 赤道的交

点, Y 轴与 Z 轴、X 轴垂直构成右手坐标系, 称为 1984 年世界大地坐标系。

WGS-84 采用的椭球是国际大地测量与地球物理联合会第 17 届大会大地测量常数推荐值, 其四个基本参数:

长半径 a=6 378 137 ± 2(m)

扁　率 f=1/298.257 223 563

地球引力和地球质量的乘积 GM=3 986 005 × 10^8m^3·s^{-2} ± 0.6 × 10^8m^3·s^{-2}

正常化二阶带谐系数 $C20$=$^-$484.166 85 × 10^{-6} ± 1.3 × 10^{-9}

地球重力场二阶带球谐系数 $J2$=108 263 × 10^{-8}

地球自转角速度 ω=7 292 115 × 10^{-11}rad·s^{-1} ± 0.150 × 10^{-11}rad·s^{-1}

1.5.5　1956 年黄海高程系

我国于 1956 年规定以黄海(青岛)的多年平均海平面作为中国第一个国家高程系统, 结束了过去高程系统繁杂的局面。1956 年 9 月 4 日, 国务院批准试行《中华人民共和国大地测量法式(草案)》, 首次建立国家高程基准。

国家水准原点对我国的生产建设、国防建设和科学研究有重要价值。该原点的"1956 年黄海高程系"高程为 72.289 m。

1.5.6　1985 年国家高程基准

根据青岛验潮站 1952 年到 1979 年的验潮数据确定的黄海平均海水面所定义的高程基准, 就是 1985 年国家高程基准。1985 年国家高程基准于 1987 年 5 月开始启用, 1956 年黄海高程系同时废止。

1985 国家高程系的水准原点的高程是 72.260 m。1985 年国家高程基准高程和 1956 年黄海高程的关系为: 1985 年国家高程基准高程=1956 年黄海高程−0.029 m。习惯说法是"新的比旧的低 0.029 m", 黄海平均海平面是"新的比旧的高"。

课后思考

1. 从整体上看, 地球是一个什么样的几何体, 怎样表示它的大小? 大地体与地球椭球有什么区别?

2. 什么叫大地水准面? 它有什么特性?

3. 水准面、大地水准面和水平面的区别和关系是什么?

4. 测量学中的基准线和基准面是什么?

5. 有几种表示地面点坐标位置的方法?

6. 某地位于高斯 6° 投影带的第 18 带内, 试确定该带的中央子午线经度。若采用 3° 分带, 该地位于多少带内?

7. 某点的坐标值 x=6 070 km, y=19 307 km, 试说明其坐标值的含义。

8. 什么叫绝对高程和相对高程?

9. 设有长 1 000 m、宽 30 m 的矩形场地，其面积有多少亩？合多少公顷？

10. 在半径 R=500 m 的圆周上有一段 125 m 的圆弧，其所对的圆心角为多少弧度？合多少度？

11. 有一小角为 24″，设半径为 120 m，其所对圆弧的弧长为多少米（精确至 mm）？

项目 2

水准测量

本项目主要介绍水准测量原理、水准仪的构造、水准仪的操作、两次仪器高法水准测量、双面尺法水准测量的外业观测和内业计算。

知识目标:掌握水准测量原理;掌握水准仪的安置步骤;了解两次仪器高法水准测量的步骤;了解双面尺法水准测量的步骤。

技能目标:能熟练安置水准仪,并在标尺上读数;能用水准仪完成等外水准测量观测和计算;能用水准仪完成四等水准测量观测和计算。

素养目标:①培养不畏艰辛、吃苦耐劳的测绘精神;②注重养成认真细致、精益求精的工作作风;③逐步培养沟通交流的习惯、分工协作的团队意识。

重点:水准测量原理、水准仪的构造、水准仪的操作。

难点:两次仪器高法水准测量和双面尺法水准测量的外业观测和内业计算。

任务 2.1　水准测量原理

2.1.1　水准测量的基本原理

水准测量是利用水准仪获得水平视线,借助水准尺测定地面两点间的高差。

如图 2.1 所示,地面上有 A、B 两点,已知 A 点的高程为 H_A,为求得 B 点的高程 H_B,应先测定出 A、B 两点间的高差 h_{AB}。测定 h_{AB} 时,可在 A、B 两点上各竖立一根标尺,这种专用的尺子称为水准尺。在 A、B 两点之间安置一台能提供水平视线的水准仪。利用水准仪能提供水平视线的特性,分别在 A、B 两点的标尺上读数 a、b,两点间的高差为

课程思政:给珠峰量身高背后的故事

2.1 水准测量基本知识

$$h_{AB} = a - b \tag{2.1}$$

按测量前进方向,水准仪后的点(A 点)称为后视点,后视点上竖立的标尺称为后视尺,后视尺上的读数 a 称为后视读数;水准仪前面的点(B 点)称为前视点,前视点上的标尺称为前视尺,前视尺上的读数 b 称为前视读数。A、B 点间的高差等于后视读数减去前视读数。

高差 h_{AB} 有正负之分,当 a 大于 b 时,h_{AB} 为正,这说明 B 点高于 A 点;当 a 小于 b 时,h_{AB} 为负,说明 B 点低于 A 点。无论 h_{AB} 正负,式(2.1)始终成立。

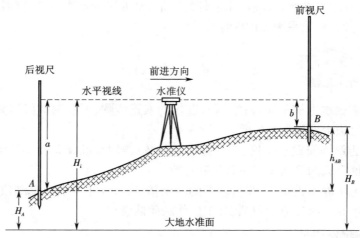

图 2.1　水准测量原理

根据已知点的高程 H_A 和测定的高差 h_{AB},就可以算出 B 点的高程

$$H_B = H_A + h_{AB} = H_A + (a-b) \tag{2.2}$$

还可以通过视线高法求未知点的高程

视线高 $H_i = H_A + a$

$$H_B = H_i - b \tag{2.3}$$

当水准仪安置在一个地方,根据一个已知高程点,测定多个未知点时,用式(2.3)比较方便。

2.1.2　连续水准测量

如果 A、B 两点间的距离较近,且高差较小时,安置一次仪器就可以测得两点间的高差 h_{AB}。当两点间较远或高差较大时,不可能安置一次仪器就测得两点间的高差。此时,在水准路线中增设若干临时的立尺点,称为转点。依次连续安置水准仪测定相邻点间的高差,最后取各个高差的代数和,可得到起、终两点间的高差,这种方法称为连续水准测量。

如图 2.2 所示,A、B 两个水准点之间,由于距离远或高差大,依次设置几个临时性的转点,连续地在相邻两点间安置水准仪和在点上竖立水准尺,依次测定相邻点间的高差:

$$h_1 = a_1 - b_1$$
$$h_2 = a_2 - b_2$$
$$\vdots$$
$$h_5 = a_5 - b_5$$

A、B 两个水准点之间高差为

$$h_{AB}= \sum_{i}^{n} h_i= \sum_{i}^{n} (a_i-b_i)$$

$$(2.4)$$

式中:n 为安置水准仪的测站数。

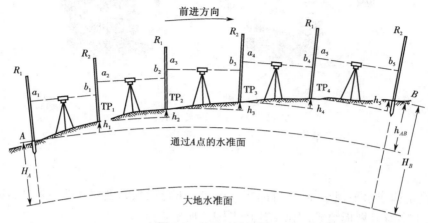

图 2.2　连续水准测量

两水准点之间设置若干转点,起着高程传递的作用。为了保证高程传递的准确性,在两相邻测站过程中,必须使转点保持稳定(高程不变)。

任务 2.2　水准仪的操作

水准测量所使用的仪器为水准仪,工具为水准尺和尺垫。

水准仪按精度分,有 $DS_{0.5}$、DS_1、DS_3、DS_{10} 和 DS_{20} 等不同精度的水准仪。"D"和"S"分别是"大地测量"和"水准仪"的汉语拼音的第一个字母;下标数字 0.5、1、3、10、20 表示仪器的精度,即每千米往返测高差中数的偶然中误差(毫米数),数字越小,精度越高。一般多使用 DS_3 型水准仪进行水准测量,每千米往返测高差中数的偶然中误差为 ±3 mm。以下重点介绍这一类型的仪器。

2.2 水准测量的仪器和工具

2.2.1　自动安平水准仪的构造

根据水准测量原理,水准仪的主要作用是提供一条水平视线,并能照准水准尺进行读数。水准仪主要由望远镜、水准器和基座三部分构成。图 2.3 所示为我国生产的 DS_3 型自动安平水准仪。

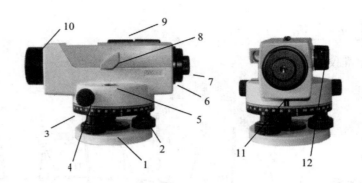

图 2.3　DS$_3$ 型自动安平水准仪
1—基座;2—脚螺旋;3—度盘;4—水平微动手轮;5—圆水泡;6—目镜罩;
7—目镜;8—水泡观察器;9—粗瞄器;10—物镜;11—度盘指示牌;12—调焦手轮

1. 望远镜

望远镜是构成水平视线、瞄准目标并对水准尺进行读数的主要部件,主要由物镜、目镜、调焦透镜、十字丝分划板组成,内部结构如图 2.4 所示。

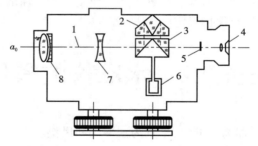

图 2.4　DS$_3$ 型自动安平水准仪望远镜内部结构
1—水平光线;2—固定屋脊棱镜;3—悬吊直角棱镜;4—目镜;
5—十字丝分划板;6—空气阻尼器;7—调焦透镜;8—物镜

2. 水准器

水准器用来整平仪器、指示视准轴是否水平,是供操作人员判断水准仪是否置平的重要部件。自动安平水准仪的水准器只有圆水准器。微倾式水准仪的水准器有圆水准器和管水准器两种。

3. 基座

基座的作用是支撑仪器上部并与三脚架连接。基座位于仪器的下部,主要由轴座、脚螺旋、底板和三角压板组成。仪器上部通过竖轴插入轴座内旋转,由基座承托。脚螺旋用于调节圆水准器气泡的居中。底板通过连接螺旋与三脚架连接。

2.2.2　水准尺和尺垫

1. 水准尺

水准尺是水准测量时使用的标尺。其质量好坏直接影响水准测量的精度,水准尺须用伸缩性小、不易变形的优质材料制成,如优质木材、玻璃钢、铝合金等。常用的水准尺有塔尺和双面板尺两种,如图 2.5。

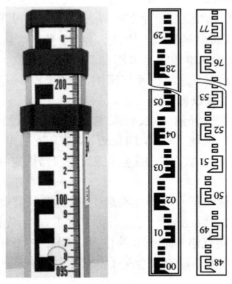

图 2.5　水准尺

（1）塔尺

塔尺如图 2.5 左图,多为铝合金材质,常用于等外水准测量。一般由两节或三节套接而成,长度有 3 m 和 5 m 两种。塔尺可以伸缩,尺的底部为零点。尺上黑白格相间,每格宽度为 1 cm,有的为 0.5 cm,每米和分米处皆注有数字。数字有正字和倒字两种。数字上加红点表示米数。

（2）双面板尺

双面板尺如图 2.5 右图,多为木质,常用于三四等水准测量,长度为 3 m,两根尺为一对。尺的两面均有刻画,一面为红白相间,称为红面尺;另一面为黑白相间,称为黑面尺(也称主尺)。两面的最小刻画均为 1 cm,在分米处注字。两根尺的黑面均由零开始;红面一根标尺由 4.687 m 开始至 7.687 m,另一根标尺由 4.787 m 开始至 7.787 m。其目的是避免观测时的读数错误,以便校核读数;分别用红、黑面读数求得高差,可进行测站检核计算。

2. 尺垫

尺垫是在转点处放置水准尺用的,如图 2.6。尺垫用生铁铸成,一般为三角形,中间有一突起的半球体,下方有三个支脚。使用时将支脚牢固地踩入土中,以防下沉。上方突起的半球形顶点为竖立水准尺和标志转点之用。

图 2.6　尺垫

2.2.3　自动安平水准仪的操作

一测站测量工作是指安置一次仪器所进行的测量工作。使用微倾式水准仪的基本操作程序:安置仪器→粗略整平(粗平)→瞄准→精确整平(精平)→读数。微倾式水准仪每次读

2.3 水准测量的检核

数时都要求符合水准器气泡居中,费时费力。自动安平水准仪用补偿器取代符合水准器,只需用圆水准器进行粗略整平,就可获得水平视线读数。这不仅加快了水准测量的速度,而且对微小的震动、仪器的不规则下沉、风力和温度变化等外界影响引起的视线微小倾斜,可以迅速得到调整,从而提高精度。因此,自动安平水准仪具有速度快、精度高等优点,现阶段水准仪大多采用自动补偿装置。

自动安平水准仪操作简便,具体操作步骤如下。

1. 安置仪器

首先选好测站点,要求测站点便于架设仪器,前后视距大致相等。打开三脚架,松开架腿的固定螺丝,调节架腿长短,使其高度适中,拧紧固定螺丝;使架头大致水平,用脚踩实架腿;然后取出水准仪,用连接螺旋将仪器固定在三脚架上。

2. 粗略整平

观测时,首先利用脚螺旋使圆水准器气泡居中,以达到仪器竖轴基本铅直、视准轴水平的目的。基本方法是:如图2.7(a)所示,气泡未居中位于 a 处,先按图上箭头所指的方向两手相对转动脚螺旋①和②,使气泡移动到 b 的位置,如图2.7(b)所示;再转动脚螺旋③,可使气泡居中。整平过程中,气泡移动方向与左手大拇指转动方向一致。

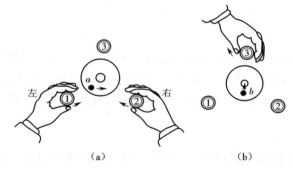

（a）　　　　　　　（b）

图 2.7　圆水准器整平

3. 检查补偿装置正确性

由于仪器补偿范围有限,为了检查补偿装置工作是否正常,有的自动安平水准仪安装了一个与补偿装置相连的检查按钮,通过这个按钮,可以检查补偿装置正确性。但现在很多仪器没有检查装置,这就要求经常检查圆水准器的正确性,检查圆水准器的整平情况。

4. 瞄准读数

（1）瞄准水准尺

瞄准就是使望远镜对准水准尺,清晰地看到目标和十字丝成像,以便准确地进行水准尺读数。

首先进行目镜调焦,把望远镜对向明亮的背景,转动目镜调焦螺旋,使十字丝清晰。松开制动螺旋,转动望远镜,利用镜筒上的照门和准星连线对准水准尺,再拧紧制动螺旋。然后转动物镜的调焦螺旋,使水准尺成像清晰。再转动微动螺旋,使十字丝的纵丝对准水准尺像。

瞄准时应注意消除视差。眼睛在目镜端上下微微移动时,若发现十字丝和水准尺成像有相对移动现象,说明有视差存在。所谓视差现象,就是当目镜、物镜对光不够精细时,目标的影像不在十字丝平面上,如图 2.8 所示,以致两者不能被同时看清。视差现象的存在会影响读数的正确性,必须检查并消除。消除视差的方法是仔细地进行目镜调焦和物镜调焦,直至眼睛上下移动读数不变为止。

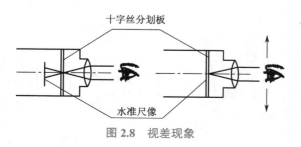

图 2.8　视差现象

（2）读数

读数时要按由小到大的方向,读取米、分米、厘米、毫米四位数字,最后一位毫米为估读数。如图 2.9 所示,读数为 1.337 m,但习惯上不读小数点,只念 1 337 四位数,以毫米为单位。

图 2.9　瞄准读数

任务 2.3　水准测量的外业观测与内业计算

2.3.1　埋设水准点

水准测量的主要目的是测出一系列点的高程。通常称这些点为水准点（Bench Mark）,简记为 BM。采用分级布设、逐级控制的原则,分为一、二、三、四等水准测量。水准测量通常是从已知水准点引测到其他未知点的高程。

水准点有永久性和临时性两种。国家等级永久性水准点一般用石料或钢筋混凝土制成,深埋到地面冻结线以下,标石顶面设不锈钢或其他不易锈蚀的材料制成的半球状标志。半球状标志顶点表示水准点的点位,如图 2.10(a)所示。有的用金属标志埋设于基础稳固的建筑物墙脚下,称为墙脚水准标志,如图 2.10(b)所示。

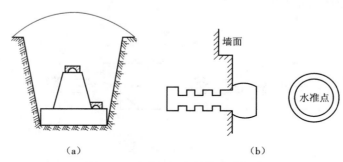

图 2.10　水准标石和墙脚水准标志

建筑工地上的永久性水准点一般用混凝土预制而成,顶面嵌入半球形的金属标志,如图 2.11(a)所示,表示该水准点的点位。临时性的水准点可选在地面突出的坚硬岩石或房屋勒脚、台阶上,用红漆做标记,也可用大木桩打入地下,桩顶钉一半球形钉子作为标志,如图 2.11(b)所示。

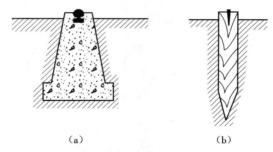

图 2.11　工地上的永久性和临时性水准点

选择埋设水准点的具体地点,应能保证标石稳定、安全、长期保存,而且便于使用。埋设水准点后,为了便于寻找水准点,应绘出能标记水准点位置的草图(称点之记),图上要注明水准点的编号,与周围地物的位置关系。

2.3.2　拟定水准路线

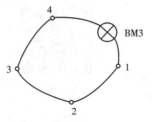

图 2.12　闭合水准路线

水准测量中,为了避免观测、记录和计算中发生人为错误,保证测量成果能达到一定的精度要求,必须布设某种形式的水准路线,利用一定的条件来检核所测结果的正确性。一般的工程测量中,水准路线主要有如下三种形式。

1. 闭合水准路线

如图 2.12 所示,从水准点 BM3 出发,沿待定高程点 1、2、3、4

进行水准测量,最后回到原始出发点 BM3 的路线,称为闭合水准路线。从理论上讲,闭合水准路线上各点之间的高差代数和应等于零。

2. 附合水准路线

如图 2.13 所示,从开始水准点 BM1 出发,沿各个待定高程点 1、2、3 进行水准测量,最后附合到终止水准点 BM2 的路线,称为附合水准路线。从理论上讲,附合水准路线上各点间高差的代数和应等于始、终两个水准点的高程之差。

3. 支水准路线

如图 2.14 所示,从一已知水准点 BM1 出发,沿待定高程点 1、2 进行水准测量,既不闭合又不附合,这种水准路线称为支水准路线。支水准路线要进行往、返观测,以检查核实。

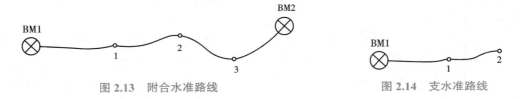

图 2.13　附合水准路线　　　　　　　　图 2.14　支水准路线

2.3.3　观测记录和计算

1. 无测站检核的普通水准测量

水准点埋设完毕,即可按拟定的水准路线进行水准测量。现以图 2.15 为例,介绍水准测量的施测。图中 BMA 为已知高程的水准点,TP 为转点,B 为拟测量高程的水准点。

2.5 水准仪的实际应用

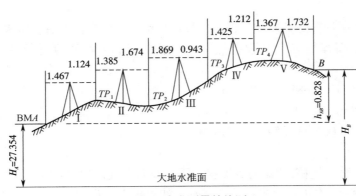

图 2.15　水准测量的施测

将水准尺立于已知高程的水准点上作为后视,水准仪置于施测路线附近合适的位置,在施测路线的前进方向上取仪器至后视大致相等的距离放置尺垫,在尺垫上竖立水准尺作为前视。观测员将圆水准器气泡置中后瞄准后视标尺,检查补偿装置,用中丝读后视读数至毫米;转动望远镜瞄准前视标尺,再用中丝读前视读数。记录员根据观测员的读数在手簿中记录相应的数字,并立即计算高差。以上为第一个测站的全部工作。

第一测站结束后，记录员招呼后尺人员向前转移，将仪器迁至第二测站。此时，第一测站的前视点便成为第二测站的后视点。按第一测站相同的工作程序进行第二测站的工作。依次沿水准路线方向施测，直至全部路线观测结束为止。

观测记录和计算见表 2.1 水准测量手簿。

表 2.1　水准测量手簿

日期：　　　　　　　　　　仪器：　　　　　　　　　　观测：
天气：　　　　　　　　　　地点：　　　　　　　　　　记录：

测站	点号	后视读数（m）	前视读数（m）	高差（m）	高程（m）	备注
1	BMA	1.467		+0.343	27.354	已知
	TP_1		1.124			
2	TP_1	1.385		−0.289		
	TP_2		1.674			
3	TP_2	1.869		+0.926		
	TP_3		0.943			
4	TP_3	1.425		+0.213		
	TP_4		1.212			
5	TP_4	1.367		−0.365		
	B		1.732		28.182	
计算检核		$\sum a$=7.513	$\sum b$=6.685	$\sum h$=+0.828	28.182−27.354	
		$\sum a-\sum b$=7.513−6.685=+0.828			+0.828	

记录表中每一页所计算的高差和高程要进行计算检核。后视读数总和减去前视读数总和、高差总和及 B 点高程与 A 点高程差，这 3 个数字应当相等，否则计算有误。例如表 2.1 中：

$$\sum a - \sum b = 7.513-6.685 = +0.828 \text{ m}$$
$$\sum h = +0.828 \text{ m}$$
$$H_B - H_A = 28.182 - 27.354 = +0.828 \text{ m}$$

说明计算正确。

上述方法未进行测站检核，测站的观测粗差不能及时发现，只有当整个附合线路或闭合线路测完并完成计算后，才知实测成果是否正确。如果出现错误，须全部返工重测。因此，实际测量时不常采用这种方法。

2. 有测站检核的普通水准测量

为了确保每站观测高差的正确性，提高水准测量的精度，水准测量必须进行测站检核。所谓的测站检核，就是每一站进行的检核。根据不同的测站检核方法，水准测量又分为两次仪器高法和双面尺法两种。

四等及等外以上的水准测量中，为了提高测量精度，往往还要观测测站到前、后尺之间的视距。前、后距离大致相当时，测量精度较高。如果工程对测量精度要求不高，可以不测前、后视距，直接测定高差即可，以减少工作量。

（1）两次仪器高法

在同一测站用两次不同的仪器高测定两次高差，即第一次高差测完后，重新安置仪器，要求两次仪器高相差超过 10 cm，再次测量高差。若两次所测高差不超过规定（等外水准不得超过 6 mm），取两次测量高差的平均值作为本测站的最后高差，否则须重测。

如果用两次仪器高法进行四等及等外水准测量，测量步骤如下。

①将水准仪大致安置在前后视中间，整平仪器，使圆水准器气泡居中。

②望远镜照准后视水准尺，转动微倾螺旋，使符合水准器气泡符合后，读取上、中、下丝读数。

③望远镜照准前视水准尺，转动微倾螺旋，使符合水准器气泡符合后，读取上、中、下丝读数。

④将仪器升高或降低至少 10 cm，重新安置仪器。

⑤望远镜照准后视水准尺，转动微倾螺旋，使符合水准器气泡居中后，读取中丝读数。

⑥望远镜照准前视水准尺，转动微倾螺旋，使符合水准器气泡居中后，读取中丝读数。

记录和计算方式如表 2.2 所示。

表 2.2　两次仪器高法水准测量记录手簿

观测：　　　　　　　　　　　　　　　　　　　　　　　　　　记录：

测站		视距（mm）	后视读数（mm）	前视读数（mm）	高差（mm）		高差中数（m）	高程（mm）	备注
					正	负			
1	A	56	1 890 1 992		0745 0741		+0.743	43.578	
	1	54		1 145 1 251					
2	1	72	2 515 2 401		1102 1100		+1.101		
	2	75		1 413 1 301					
3	2	98	2 001 2 114		0850 0854		+0.852		
	3	96		1 151 1 260					
4	3	41	1 012 1 142			0601 0603	-0.602		
	4	43		1 613 1 745					

续表

测站		视 距（mm）	后视读数（mm）	前视读数（mm）	高差（mm）		高差中数（m）	高程（mm）	备注
					正	负			
5	4	79	1 318 1 421		0906 0904		−0.905		
	B	77		2 224 2 325				44.767	
计算校核		691	17 806	15 428			$\sum h = 1.189$	+1.189	
			$\sum h = \dfrac{1}{2}(17.806-15.428)=+1.189$						

表 2.2 是两次仪器高法测量等外水准的记录格式。表中每一站有两次前视读数和两次后视读数，各算得两个高差值。四等水准测量差值不得大于 5 mm，为了校核一测段全部计算有无错误，先用后视读数总和减去前视总和，得总高差 $\sum h = +1.189$ m，然后再求所有高差中数的代数和 $\sum h = +1.189$ m，用两种方法计算的总高差结果应相同。

（2）双面尺法

双面尺法是在同一测站，仪器高度不变，利用双面水准尺黑面和红面各进行一次读数，若两次读数之差不超过相应规定，则取平均值计算高差作为本测站的最后高差，否则须重测。

如果用双面尺法进行四等及等外水准测量，测量步骤如下。

①将水准仪大致安置在前后视中间，整平仪器，使圆水准器气泡居中。

②将望远镜照准后视水准尺的黑面，转动微倾螺旋，使符合水准器气泡居中后，读取上、中、下丝读数。

③照准后视水准尺红面，读取红面水准尺中丝读数。

④将望远镜转向前视水准尺的黑面，转动微倾螺旋，使符合水准器气泡居中后，读取上、中、下丝读数。

⑤照准前视水准尺红面，读取红面水准尺中丝读数。

记录和计算方式如表 2.3 所示。

表 2.3 双面尺法水准测量记录手簿

测站编号	后尺	下丝	前尺	下丝丝	方向及尺号	标尺读数		K+黑减红	高差中数	备注
		上丝		上丝		黑面	红面			
	后距		前距							
	视距差 d		$\sum d$							
	（1）		（5）		后	（3）	（8）	（10）		NO1—4787 NO2—4687
	（2）		（6）		前	（4）	（7）	（9）		
	（15）		（16）		后-前	（11）	（12）	（13）	（14）	
	（17）		（18）							

续表

测站编号	后尺 下丝 上丝 后距 视距差 d	前尺 下丝丝 上丝 前距 ∑d	方向及尺号	标尺读数 黑面	标尺读数 红面	K+黑减红	高差中数	备注
1	1 571	739	后 12	1 384	6 171	0		
	1 197	363	前 13	551	5 239	−1		
	37.4	37.6	后−前	+833	932	+1	+8 325	
	−0.2	−0.2						
2	2 121	2 196	后 13	1 934	6 621	0		
	1 747	1 821	前 12	2 008	6 796	−1		
	37.4	37.5	后−前	−74	175	+1	−745	
	−0.1	−0.3						
3	1 914	2 055	后 12	1 726	6 513	0		
	1 539	1 678	前 13	1 866	6 554	−1		
	37.5	37.7	后−前	−140	41	+1	−1405	
	−0.2	−0.5						
4	1 965	2 141	后 13	1 832	6 519	0		
	1 700	1 874	前 12	2 007	6 793	+1		
	26.5	26.7	后−前	−175	274	−1	−1745	
	−0.2	−0.7						
5	565	2 792	后 12	356	5 144	−1		
	127	2 356	前 13	2 574	7 261	0		
	43.8	43.6	后−前	−2 218	2 117	−1	−2 218	
	+0.2	−0.5						

　　每站观测所得数据,应立即记录于水准测量观测手簿。表中(1)~(18)为记录计算顺序。其中(1)、(2)、(3)、(4)、(5)、(7)、(8)、(11)、(12)的数据由观测而得,其余由计算得出。

　　计算和检核方法如下。

　　1)视距部分

　　后视距离(15)=[(1)−(2)]×100

　　前视距离(16)=[(5)−(6)]×100

　　前后视距差(17)=(15)−(16),该值在四等水准测量时不得大于5 m。

　　前后视距累积差(18)=前站(18)+本站(17),该值在四等水准测量时不得大于10 m。

2）高差部分

（10）=（3）+K-（8）

（9）=（4）+K-（7）

K为标尺黑红面间的常数。

本例中标尺12的K为4 787,标尺13的K为4 687,（9）（10）值四等水准测量不得大于3 mm。

（11）=（3）-（4）

（12）=（8）-（7）

（13）=（11）-（12）±100,该值对于四等水准测量不得大于5 mm,用公式（13）=（10）-（9）检查计算的正确性。

3）观测结束后的检查和计算

高差中数（14）=12{（11）+（12）±100}

求出∑（15）、∑（16）值,用∑（15）-∑（16）=（18）（末站）校核,无误后算出所测路线总视距∑s=∑（15）+∑（16）。

课后思考 📍

1. 水准测量的原理是什么?

2. 水准仪上圆水准器和水准管的作用有什么不同?

3. 在进行水准测量时为什么要把仪器安置在前、后水准尺中间?

4. 水准仪有哪几条轴线? 各轴线之间应满足什么条件?

5. 水准仪应进行哪几项检验和校正? 怎样进行?

6. 水准测量时,转点和尺垫起什么作用?

7. 水准测量误差来源有哪些?

8. 计算和调整下列附合水准路线的闭合差（水准点A的高程为46.215 m、水准点B的高程为45.330 m）。

9. 完成水准支线测量成果表,并求A点的高差。

点号	后视读数（m）	前视读数（m）	高 差（m）		高 程（m）
			+	-	
BM1	1.664				44.313
1	0.746	1.224			
2	0.574	1.524			
3	1.654	1.345			
A		2.221			

表 2.4　两次仪器高法水准测量记录手簿

观测：　　　　　　　　　　　　　　　　　　　　　　　　　　　　记录：

测站		视 距（mm）	后视读数（mm）	前视读数（mm）	高差（mm）	高差中数（m）	高 程（mm）	备注
计算校核		$\sum h =$				$\sum h =$		

表 2.5　水准测量成果计算表

点　号	路线长度 （km）	实测高差 （m）	改正数 （mm）	改正后高差 （m）	高程 （m）	备注
						已知点
						已知点

辅助计算：

注：①距离取位至 0.01 km,测段高差、改正数及点之高程取位至 1 mm;
　　②采用路线长度进行高差闭合差的分配。

项目 3

角度测量

项目概述 📍

本项目主要介绍水平角、竖直角、经纬仪对中整平的方法步骤、水平角测量观测和记录、竖直角测量观测和记录等。

学习目标 📍

知识目标:了解水平角和垂直角的概念;了解光学经纬仪的安置步骤;掌握水平角测量的步骤;掌握垂直角测量的步骤。

技能目标:能用光学对中的方法安置经纬仪或全站仪;能用经纬仪或全站仪完成水平角的观测、记录和计算;能用经纬仪或全站仪完成垂直角的观测、记录和计算。

素养目标:①培养不畏艰辛、吃苦耐劳的测绘精神;②注重养成认真细致、精益求精的工作作风;③逐步培养沟通交流的习惯、分工协作的团队意识。

关键内容 📍

重点:水平角、竖直角、经纬仪对中整平的方法步骤、水平角测量观测和记录、竖直角测量观测和记录。

难点:经纬仪对中整平的方法步骤、水平角测量观测和记录、竖直角测量观测和记录。

任务 3.1　角度测量原理

课程思政:国产测绘
仪器的崛起

3.1 经纬仪测量基本
知识 1

在确定地面点的位置时,常常要进行角度测量。角度测量分为水平角测量和竖直角测量。水平角测量用于求算点的平面位置;竖直角测量用于测定高差或将斜距换算为水平距离。

3.1.1　水平角观测原理

如图 3.1 所示,A、B、C 为地面上任意三点,将三点沿铅垂线方向投影到水平面 H 上,得到三个相应的投影点 A_1、B_1、C_1 点,水平线 B_1A_1 与 B_1C_1 间的夹角 β 为地面 BA 与 BC 两方向线间的水平角。地面上任意两直线间的水平角为通过该两条直线所作的铅垂面间的二面角,或者说,任意两条直线间的水平角就是该两条直线在水平面上投影的夹角。

为了测定水平角值,可在角顶点的铅垂线上安置一台经纬仪或全站仪。假定仪器有一个能水平放置的水平度盘,度盘上有顺时针方向的 $0° \sim 360°$ 的度数,度盘的中心放置在 B

点的铅垂线上;另外仪器还必须有一个能瞄准远方目标的望远镜,望远镜不但可以在水平面内转动,而且还能在铅垂面内旋转。通过望远镜分别瞄准高低不同的目标 A 和 C,其在水平度盘上相应的读数为 a 和 c,水平角 β 即为两个读数之差

$$\beta = c - a$$

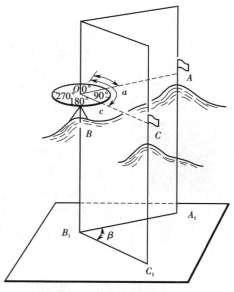

图 3.1　水平角测量原理

3.1.2　竖直角观测原理

竖直角是同一竖直面内视线与水平线的夹角 α(又称垂直角),角值为 $0° \sim \pm 90°$。视线与向上的铅垂线的夹角称为天顶距 Z,角值为 $0° \sim 180°$。

目标视线在水平线以上的竖直角称为仰角,角值为正;目标视线在水平线以下的称为俯角,角值为负,如图 3.2 所示。为了测定垂直角,经纬仪还必须在铅垂面内装有一个刻度盘——垂直度盘(简称竖盘)。

3.2 经纬仪测量基本知识 2

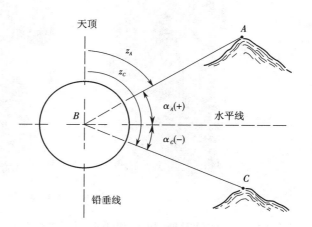

图 3.2　竖直角测量原理

竖直角与水平角一样,角值是度盘上两个方向读数之差。不同的是竖直角的两个方向中必有一个是水平方向。任何类型的经纬仪或全站仪,制作上都要求在视线水平的竖盘读数为某一固定值($0°$ 、 $90°$ 、 $180°$ 、 $270°$ 四个值中的一个)。观测竖直角时,只要观测目标点一个方向并读取竖盘读数便可算得该目标点的竖直角,不必观测水平方向。

任务 3.2　全站仪的安置

3.3 测站设置与后视
定向

3.2.1　测角仪器的分类

角度测量最常用的仪器有光学经纬仪、电子经纬仪和全站仪。传统经纬仪按精度分成 DJ07、DJ1、DJ2、DJ6、DJ15 和 DJ60 等几个等级，"D"和"J"分别为"大地测量"和"经纬仪"的汉语拼音的第一个字母。后面的数字"1"或"2"表示仪器的精度等级，数字越小，则精度越高，如"2"表示一测回方向观测中误差为 2 秒。经纬仪外形结构如图 3.3 所示。

图 3.3　DJ6 级光学经纬仪

光学经纬仪结构包括基座、度盘和照准部三大部分。基座用于与三脚架相连接和对中；度盘用于读取水平度盘和竖直度盘的度数；照准部用于瞄准目标。经纬仪在安置仪器、瞄准目标、读数方面，都没有全站仪便捷。随着全站仪的普及，经纬仪已逐渐被淘汰，目前角度测量主要用全站仪完成。下面以全站仪为例介绍测角仪器的安置。

3.2.2　全站仪的安置

全站仪的安置包括对中和整平，具体操作方法如下。

1. 对中

对中的目的是把仪器的纵轴安置到测站的铅垂线上。具体的做法是根据观测者的身高调整好三脚架架腿的长度（一般取三脚架架腿伸开并在一起时架头的高度在肩膀位置），张开三脚架使三个脚尖大致与地面标志等距离，使三脚架架头大致水平，如图 3.4 所示。从箱中取出全站仪，放到三脚架架头上，一手握住全站仪支架，一手将三脚架上的连接螺旋旋入基座底板。对中可采用垂球对中、光学对中器对中或激光对中。

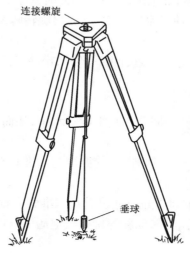

图 3.4　垂球对中

（1）垂球对中

把垂球挂在连接螺旋中心的挂钩上，调整垂球线的长度，使垂球尖离地面点的高度为 2~3 mm。如果偏差较大，可平移三脚架使垂球尖大约对准地面点，将三脚架的脚尖踩入土中（硬性地面也要用力踩一下），使三脚架稳定。当垂球尖与地面点偏差不大时，可稍旋松连接螺旋，在三脚架头上移动仪器，使垂球尖准确对准测站点，再将连接螺旋转紧。垂球对中的误差一般应小于 3 mm，这种方法精度较低，现一般都不采用。

（2）光学对中器对中

光学对中器是装在照准部的一个小望远镜，光路中装有直角棱镜，通过仪器纵轴中心的光轴由铅垂方向折射成水平方向，便于观察对中情况。光学对中的步骤如下。

3.4 实操经纬仪对中

①使三脚架架头大致水平，目估初略对中。

②转动光学对中器目镜调焦螺旋，使对中标志（小圆圈或十字）清晰，转动物镜调焦螺旋（某些仪器为伸缩目镜），使地面清晰。

③旋转脚螺旋使地面点的像位于对中标志中心，此时基座上的圆水准气泡已经不居中。

④伸缩三脚架的相应架腿使圆水准气泡居中，再旋转脚螺旋使水准管在相互垂直的两个方向气泡都居中。

⑤从光学对中器中检查与地面点的对中情况，可略微松动连接螺旋作小的平移，使对中误差小于 1 mm（如果需要作连续的平移，两次平移的方向必须互相平行或垂直，否则会破坏整平）。

（3）激光对中

目前大多数全站仪都采用激光对中，步骤如下。

①使三脚架架头大致水平,目估初略对中。

②连接仪器,打开激光对中光斑,让激光对中光斑显示在地面标志附近。

③旋转脚螺旋使激光光斑对准地面标志中心,此时基座上的圆水准气泡已经不居中。

④伸缩三脚架的相应架腿使圆水准气泡居中,再旋转脚螺旋使水准管在相互垂直的两个方向气泡都居中。

⑤根据激光光斑和地面标志中心重合情况,略微松动连接螺旋作小的平移,使对中误差小于1 mm。

2. 整平

整平的目的是使全站仪的竖轴竖直、水平度盘水平,从而使横轴水平、竖直度盘位于铅垂面内。

整平工作是利用基座上的三个脚螺旋,使照准部水准管在互相垂直的两个方向上的气泡分别居中,整平的步骤如下。

①先松开水平制动螺旋,转动照准部水准管使水准管大致平行于任意两个脚螺旋,如图3.5(a)所示,两手同时向内或向外转动脚螺旋使气泡居中。注意气泡移动方向与左手大拇指移动方向一致。

②将照准部水准管旋转90°,如图3.5(b)所示,旋转另外一个脚螺旋,使气泡居中。

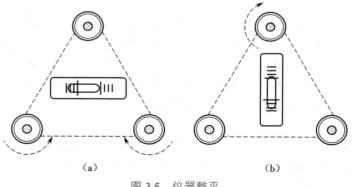

(a)   (b)

图3.5 仪器整平

③重新使水准管回到①的位置,检查水准管气泡是否居中,如果不居中,则按上述步骤重复进行,直至照准部水准管转至任意位置气泡皆居中为止。

如果水准管位置正确,仪器整平后,照准部水准管转至任何位置水准管气泡总是居中(容许偏差值为1格),这时,仪器的竖轴竖直,水平度盘水平。

任务 3.3 水平角测量

水平角的观测方法,一般根据测量工作要求的精度、使用的仪器、观测目标的多少而定。常用的水平角观测方法有测回法和方向观测法两种。

3.3.1　测回法

测回法主要用于单角观测,观测两个方向之间的单角。如图 3.6 所示,B 点为测站点,为了观测出 BA、BC 两个方向线之间的水平角 β,在 B 点安置全站仪,A、C 点设立观测标志后,按下列步骤进行观测。

3.5 水平角测量实操

①置望远镜于盘左位置(竖盘在望远镜的左边称盘左,又称正镜),精确瞄准左目标 C,读取读数 $c_左$。

②松开照准部制动螺旋,顺时针旋转望远镜,瞄准右目标 A,读取读数 $a_左$,就完成了盘左半个测回的观测(又称上半测回),上半测回的角值为

$$\beta_左 = a_左 - c_左 \tag{3.1}$$

③倒转望远镜置望远镜于盘右位置(竖盘在望远镜的右边,又称倒镜),精确瞄准目标 A,读取读数 $a_右$。

④松开照准部制动螺旋,逆时针旋转望远镜,精确瞄准左目标 C,读取读数 $c_右$,就完成了盘右半个测回的观测(又称下半测回),下半测回的角值为

$$\beta_右 = a_右 - c_右 \tag{3.2}$$

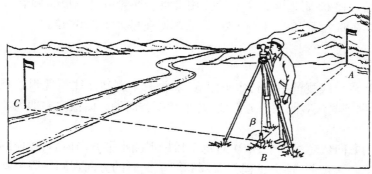

图 3.6　水平角观测

用盘左、盘右两个盘位观测水平角,可以抵消仪器误差对测角的影响,同时还可以作为观测有无错误的检核。DJ6 级仪器,如果上、下半测回角度值($\beta_右$,$\beta_左$)的差数不大于 40″,则取盘左、盘右角值的平均值作为一测回的观测结果

$$\beta = \frac{1}{2}\left(\beta_左 + \beta_右\right) \tag{3.3}$$

表 3.1 为测回法观测记录。

表 3.1　测回法观测手薄

测站	测回数	竖盘位置	目标	水平度盘读数	半测回角值	一测回角值	各测回平均值	备注
1	2	3	4	5	6	7	8	9
				° ′ ″	° ′ ″	° ′ ″	° ′ ″	
B	第一测回	左	C	00 12 00	91 33 00	91 33 15	91 33 12	草图或其他
			A	91 45 00				
		右	C	271 45 00	91 33 30			
			A	180 11 30				
B	第二测回	左	C	90 11 24	91 33 06	91 33 09		
			A	181 44 30				
		右	C	178 78 36	91 33 12			
			A	270 11 48				

当测角精度要求较高时,往往要观测几个测回,为了减少度盘分划刻度误差的影响,各测回间应根据测回数 n,按 $180°/n$ 变换水平度盘位置。如若观测 3 个测回,第一测回的起始方向读数可安置在 0° 附近略大于 0° 处(用度盘变换轮或复测扳钮调节),第二测回起始方向读数应安置在略大于 $180°/3=60°$ 处,第三测回在略大于 120° 位置。

3.3.2　方向观测法

在三角测量或导线测量中进行水平角观测时,一个测站往往须观测 2 个或 2 个以上的角度,可采用方向观测法观测水平方向值,两个相邻方向的方向值之差即为该两个方向间的水平角值。

如果观测的方向数超过 3 个,依次对每个目标观测水平方向值后,还应继续向前转到第一个目标进行第二次观测,这个过程称为"归零"。此时的方向观测法因为整整旋转了一个圆周,所以又称全圆方向法。

1. 方向观测法的步骤

如图 3.7 所示,在 C 点上须观测 A、B、D、E 四个目标的水平方向值,用全圆方向法观测水平方向的步骤和方法如下。

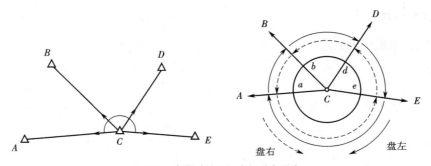

图 3.7　全圆方向观测法测水平角

①安置仪器于 C 点,先选定起始零方向 A(起始零方向的选择要求目标明亮,成像清晰、稳定),置望远镜于盘左位置,瞄准起始零方向目标 A,读取水平度盘读数 a_1。

②顺时针方向转动照准部,依次瞄准 B、D、E 测得相应的水平度盘读数 b_1、d_1、e_1。

③为了校核,继续顺时针旋转照准部,再次瞄准起始目标 A,并读取水平度盘读数 a_1',此次观测称为"归零观测";读数 a_1 与 a_1' 之差的绝对值称为"半测回归零差"。DJ6 级仪器,半测回归零差允许值为 $18''$。如在允许范围内,取 a_1 和 a_1' 的平均值作为起始零方向的方向值;如果超限则需重新观测。

④倒转望远镜成盘右位置。逆时针依次瞄准目标 A、E、D、B,测得相应读数 a_2、e_2、d_2、b_2。

⑤逆时针继续旋转望远镜,再次瞄准目标 A 读取读数 a_2',a_2 与 a_2' 之差为盘右半测回的归零差,限差同盘左,若在允许范围内,取其平均值作为 A 方向的盘右读数。

以上完成了全圆方向法一个测回的观测,观测记录如表 3.2 所示。

表 3.2　方向观测法观测记录手簿

测站	测回数	目标	读数		$2c=$ 左-(右±180°)	平均读数 $=\frac{1}{2}$[左+ (右±180°)]	归零方向值	各测回归零方向值平均值
			盘左	盘右				
			° ′ ″	° ′ ″	° ′ ″	° ′ ″	° ′ ″	° ′ ″
C	第一测回	A	0 02 06	180 02 00	+6	(0 02 06) 0 02 03	0 00 00	
		B	51 15 42	231 15 30	+12	51 15 36	51 13 30	
		D	131 54 12	311 54 00	+12	131 54 06	131 52 00	
		E	182 02 24	2 02 24	0	182 02 24	182 00 18	
		A	0 02 12	180 02 06	+6	0 02 09		
	第二测回	A	90 03 30	270 03 24	+6	(90 03 32) 90 03 27	0 00 00	0 00 00
		B	141 17 00	321 16 54	+6	141 16 57	51 13 25	51 13 28
		D	221 55 42	41 55 30	+12	221 55 36	131 52 04	131 52 02
		E	272 04 00	92 03 54	+6	272 03 57	182 00 25	182 00 22
		A	90 03 36	270 03 36	0	90 03 36		

如果一个测站的水平方向须观测 n 个测回,各测回间应将水平度盘的位置按照 $180°/n$ 进行变换。如要观测 2 个测回,每个测回起始零方向的水平度盘读数应分别在 0° 和 90° 附近;观测 3 个测回时,分别在 0°、60°、90° 附近。

2. 方向观测法的计算

现就表 3.2 说明全圆方向法的计算过程。

(1)计算两倍照准误差($2c$)值

$2c=$ 盘左读数-(盘右读数 $±180°$)

上式中盘右读数大于 180° 时取 "-" 号,小于 180° 时取 "+" 号(或以盘左为基准看盘右读数是否大于盘左,盘右读数大于盘左取 "-",否则取 "+")。$2c$ 值是同一个方向盘左盘右

水平方向值之差,应为一常数,各方向的 $2c$ 值的变化是方向观测中偶然误差的反映。DJ2级仪器,规定 $2c$ 值的变化不应大于 $13''$,DJ6级仪器,规范没有此项规定。如果 $2c$ 值的变化没有超限,取盘左、盘右的平均值作为该方向的方向值。如果超限,应在原度盘位置重测。

（2）计算各方向的平均读数

$$平均读数 = \frac{1}{2}\left[盘左读数+\left(盘右读数\pm180°\right)\right]$$

此项计算结果为方向值。起始方向有两个平均方向值,应将两个数值再次平均,所得的值作为起始方向的方向值,并用括号加以区别。

（3）计算归零后的方向值

将各方向的平均读数减去起始方向的平均读数(括号内),得各方向的归零方向值。起始方向的归零方向值为零。

（4）计算各个测回归零后方向值的平均值

取各测回同一方向归零后的方向值的平均值作为该方向的最后结果。计算平均值前,应计算各测回同一方向归零后的方向值之间的差数有无超限,如果超限,应重测。

（5）计算各个目标间水平角值

将相邻的两个方向值相减可求得各个目标间水平角值。

全圆方向观测法水平方向的各项限差规定见表3.3。

表3.3　全圆方向观测法的各项限差

仪器级别	半测回归零差(″)	2c 值变化范围(″)	同一方向各测回互差(″)
DJ2	8	13	9
DJ6	18	—	24

任务 3.4　垂直角测量

3.4.1　垂直角计算公式

垂直度盘(简称竖盘)注记形式不同,则根据垂直度盘读数计算垂直角的公式也不同。如图3.8所示为常见的天顶式顺时针注记,盘左时,视线水平的垂直度盘读数 $L_0 = 90°$;盘右时,视线水平的垂直度盘读数 $R_0 = 270°$。

望远镜向上(或向下)瞄准目标时,垂直度盘也随之一起转动同样的角度,瞄准目标时的垂直度盘读数与视线水平时的垂直度盘读数之差就是所求的垂直角。

设盘左的垂直角为 $\delta_左$,瞄准目标时的竖盘读数为 L;盘右垂直角为 $\delta_右$,瞄准目标时的竖盘读数为 R,则垂直角的计算公式为

$$\left.\begin{array}{l} \delta_{\text{左}} = 90° - L = \delta_L \\ \delta_{\text{右}} = R - 270° = \delta_R \end{array}\right\} \qquad (3.4)$$

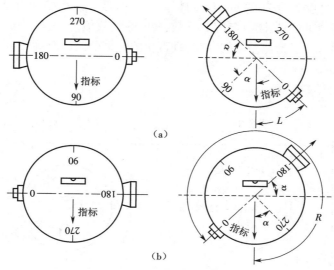

图 3.8 顺时针注记垂直度盘

由于存在测量误差,通常情况下δ_L和δ_R不相等,取一测回的角值作为最终结果。一测回的角值为

$$\delta = \frac{1}{2}(\delta_L + \delta_R) \qquad (3.5)$$

同理,当竖盘刻划为天顶式逆时针注记时,垂直角的计算公式为

$$\left.\begin{array}{l} \delta_{\text{左}} = L - 90° = \delta_L \\ \delta_{\text{右}} = 270 - R = \delta_R \end{array}\right\} \qquad (3.6)$$

从上面的分析可以看出,竖盘的注记形式不同,垂直角的计算公式也不一样。但是不管任何类型的仪器,也不管何种注记形式,都可以在观测垂直角以前建立适合该仪器的垂直角计算公式。

首先,安置好仪器使望远镜大致水平,看竖盘的读数接近于哪一个 90° 的整数倍,就认为视线水平时竖盘的读数是该 90° 的整数倍,然后慢慢上仰望远镜,看竖盘读数是增大还是减小。

望远镜上仰时,若竖盘读数增大,则垂直角的公式为

$\delta =$ 瞄准目标时的读数-视线水平时的读数 $\qquad (3.7)$

若望远镜上仰时,竖盘读数减小,则垂直角公式为

$\delta =$ 视线水平时的读数-瞄准目标时的读数 $\qquad (3.8)$

以上规定,无论何种注记形式,也不论是盘左或盘右均是适用的,但要注意如果盘左是式(3.7),则盘右必是式(3.8)。

3.4.2 竖盘指标差

从以上介绍竖盘构造和垂直角计算公式中,可以知道:理想情况下,望远镜的视线水平时,垂直角为零,竖盘读数应为 0° 或 90° 的整数倍。但是竖盘水准管与竖盘读数指标的关系不正确,使视线水平时竖盘读数与应有读数(90° 的整数倍)有一个小的角度差 x,称为指标差,如图 3.9 所示。由于指标差 x 的存在,垂直角的计算公式应改为

盘左 $\delta =(90° +x)-L$　　　　　　　　　　　　　　　　　　　　　(3.9)

盘右 $\delta =R-(270° +x)$　　　　　　　　　　　　　　　　　　　　(3.10)

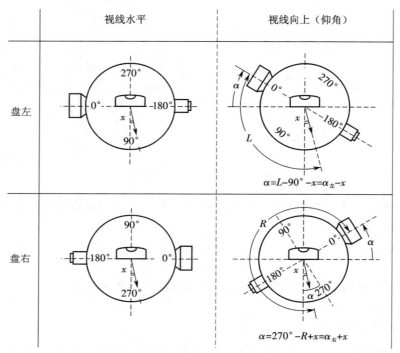

图 3.9　竖盘指标差

将式(3.4)中的两个公式分别带入式(3.9)和(3.10),得

$$\delta = \delta_L + x$$　　　　　　　　　　　　　　　　　　　　　　(3.11)

$$\delta = \delta_R - x$$　　　　　　　　　　　　　　　　　　　　　　(3.12)

此时 δ_L 和 δ_R 已不再是正确的垂直角。

将式(3.11)和(3.12)相加除以 2,得

$$\delta = \frac{1}{2}(\delta_L + \delta_R)$$　　　　　　　　　　　　　　　　　　(3.13)

式(3.13)与式(3.5)完全相同。可见在垂直角观测中,用正、倒镜观测取其平均值可以消除竖盘指标差的影响,提高观测质量。

将式(3.11)和式(3.12)相减,可得

$$x = \frac{1}{2}(\delta_R - \delta_L)$$（3.14）

顺时针的竖盘注记形式,将式(3.4)带入上式得

$$x = \frac{1}{2}(R + L - 360°)$$（3.15）

指标差 x 可用来检查垂直角观测质量,同一个测站上观测不同目标时,指标差的变动范围,DJ6 级仪器不应超过 25″。精度要求不高时或纵转望远镜不便时,可先测定 x 值,以后只作正镜观测,按照式(3.11)计算垂直角。

3.4.3　垂直角观测

垂直角观测前应看清竖盘的注记形式,先确定垂直角的计算公式。

垂直角观测时,要利用十字丝横丝切准目标的特定部位,如标杆的顶部或标尺上的某一明显部位。具体观测方法如下。

①仪器安置于测站点上,用钢卷尺量出仪器的高度(地面桩顶到望远镜旋转轴的高度)。

②置望远镜于盘左位置,用十字丝横丝精确地切准目标的某一明显部位,调节竖盘指标水准管微动螺旋,使水准管气泡居中,读取竖盘读数 L,记入观测手簿。

③旋转望远镜置于盘右位置,再次瞄准该目标的同一明显部位,调节竖盘指标水准管气泡居中,读取竖盘读数 R,记入观测手簿。

④计算垂直角。垂直角 δ 是水平始读数与观测目标的读数之差。哪个是减数,哪个是被减数,应按竖盘注记的形式来确定。观测前必须建立适当的垂直角公式。表 3.4 是垂直角的观测、计算实例。

表 3.4　垂直角观测计算实例

测站	目标	竖盘位置	竖盘读数 ° ′ ″	半测回垂直角 ° ′ ″	竖盘指标差 ″	一测回垂直角 ° ′ ″	备　注
P	A	左	81 18 42	+8 41 18	+6	+8 41 24	盘左
		右	278 41 30	+8 41 30			
	B	左	124 03 30	-34 03 30	+12	-34 03 18	
		右	235 56 54	-34 03 06			

等距同一目标,盘左、盘右测得垂直角之差为两倍指标差。用同一台仪器在某一时间段内连续观测,竖盘指标差应为固定值,由于观测误差的存在,使两倍指标差有所变化,计算时,需计算出该数值,以检查观测成果的质量。

观测垂直角时,只有当竖盘指标水准管气泡居中时,指标才处于正确位置,否则,读数就有误差。近年来,一些仪器的竖盘指标采用自动归零补偿装置代替水准管结构,以简化操作

程序。当仪器的安置稍有倾斜时，这种装置会自动调整光路，能读得相当于水准管气泡居中时的竖盘读数。

课后思考 📍

1. 角度测量中包括哪些内容？角度测量的主要作用是什么？

2. 水平角观测的基本原理和主要步骤有哪些？

3. 为什么垂直角可以在一个观测方向上获得？简述垂直角一个测回观测的记录和计算方法。

4. 全站仪结构的主要轴线有哪些？它们之间应当满足哪些条件？

5. 为什么要对全站仪进行定期的检验与校正？常规的检验与校正项目有哪些？

6. 全站仪整平和对中的目的是什么？操作步骤是什么？

项目 4

距离测量

项目概述 📍

本项目主要介绍钢尺量距、光学视距和光电测距的方法和步骤。

学习目标 📍

知识目标：了解距离测量的方法分类；掌握钢尺量距的方法；掌握光电测距的方法；了解钢尺量距和光电测距需加的改正数种类。

技能目标：能用钢尺进行距离丈量，记录和计算；能用全站仪测量平距、斜距，记录和计算；能用钢尺量距和用全站仪测距，并能正确地加改正数进行计算。

素养目标：①培养不畏艰辛、吃苦耐劳的测绘精神；②注重养成认真细致、精益求精的工作作风；③逐步培养沟通交流的习惯、分工协作的团队意识。

关键内容 📍

重点：钢尺量距、光学视距和光电测距的方法和步骤。
难点：光学视距的方法和步骤。

任务 4.1　距离测量

课程思政：中国测绘
发展历史

4.1 平坦地面钢尺量
距的一般方法

距离测量是确定地面点位置的基本测量工作之一。常用的距离测量方法有钢尺量距、视距测量、电磁波测距和 GPS 距离测量等。钢尺量距是用可以卷起来的钢尺沿地面丈量，属于直接量距。视距测量是利用经纬仪或水准仪望远镜中的视距丝及视距标尺按几何光学原理测量距离。电磁波测距是用仪器发射及接收光波（红外光、激光）或微波，按其传播速度和时间测定距离，属于物理测距，后两者属于间接测距。GPS 距离测量是利用两台GPS 接收机接收空间轨道上定位卫星发射的信号，通过距离空间交会的方法解算出两台接收机之间的距离。这里重点介绍前三种常规的距离测量方法。

钢尺量距工具简单，但易受地形限制，适用于平坦地区的测距，丈量较长距离时，工作繁重；皮尺也可用于量距，携带和使用都很方便，但精度不高，可酌情使用。视距测量充分利用测量望远镜的性能，能克服地形障碍，工作方便，但测距精度一般低于直接丈量，且随距离的增大而降低，适合低精度的近距离（200 m 以内）测量。电磁波测距仪器先进，工作简便，测距精度高,测程远,近年来在向近距离的细部测量普及,有很轻便的手持激光测距仪等用于近距离室内测量。各种测距方法适用于不同的现场具体情况和不同的测距精度要求。

任务 4.2　钢尺量距

4.2.1　量距工具

1. 钢尺

钢尺是用钢制成的带状尺,尺的宽度 10~15 mm,厚度约 0.4 mm,长度有 30 m 和 50 m 不等,钢尺可以卷放在圆形的尺壳内,也有的卷在金属的尺架上,如图 4.1(a)所示。

钢尺的基本分划为厘米,每分米及每米处刻有数字注记,全长刻有毫米,如图 4.1(b)所示。

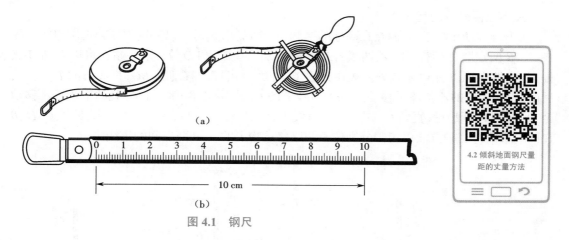

（a）

10 cm

（b）

4.2 倾斜地面钢尺量距的丈量方法

图 4.1　钢尺

2. 辅助工具

丈量的辅助工具有标杆、测钎、垂球等。精密量距时,还需要弹簧秤和温度计。标杆用于定直线;测钎用于标定尺段;垂球用于不平坦地面将尺的端点投影到地面;弹簧秤用于对钢尺施加一定的拉力;温度计用于测定钢尺丈量时的温度,以便对钢尺的长度进行校正。

4.2.2　直线定线

当地面上两点之间距离较远时,用卷尺一次(一尺段)不能量完,须在直线方向上标定若干点,使各个点在同一直线上,这项工作称为直线定线。一般情况下,可用标杆目测定线,较远距离,须用经纬仪定线。直线定线还包括延长某一直线。

1. 通视两点间定线

如图 4.2 所示,A、B 两点互相通视,若在 A、B 两点间的直线上标出 1、2 等点。先在 A、B 点上竖立标杆,甲站在 A 点标杆后约 1 m 处,指挥乙左右移动标杆,直到甲从 A 点沿标杆的

同一侧看到 A、2、B 三支标杆在一条直线上为止。同法定出直线上的其他点。在两点间目测定线，一般应由远到近，即先定 1 点，再定 2 点。定线时，乙所持标杆应竖直，利用食指和拇指夹住标杆的上部，稍微提起，利用重心在手指下使标杆自然竖直。为了不挡住甲的视线，乙持标杆站立在直线方向的左侧或右侧。

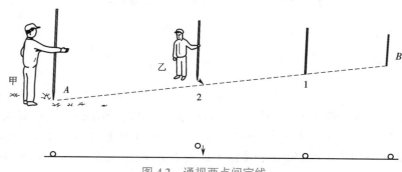

图 4.2　通视两点间定线

2. 不通视两点间定线

如图 4.3 所示，A、B 两点在高地的两侧，互不通视，这时可以采用逐渐趋近法定线。先在 A、B 两点竖立标杆，甲、乙两人各持标杆分别站在 C_1 和 D_1 处，甲要站在可以看到 B 点处，乙要站在可以看到 A 点处。先由站在 C_1 处的甲指挥乙移动至 BC_1 直线上的 D_1 处，然后由站在 D_1 处的乙指挥甲移动至 AD_1 直线上的 C_2 处，接着再由站在 C_2 处的甲指挥乙移动至 D_2，这样逐渐趋近，直到 C、D、B 在一直线上，同时 A、C、D 也在一直线上，说明 A、C、D、B 在同一直线。这种方法可用于分别位于两座建筑物上的 A、B 两点间的定线。

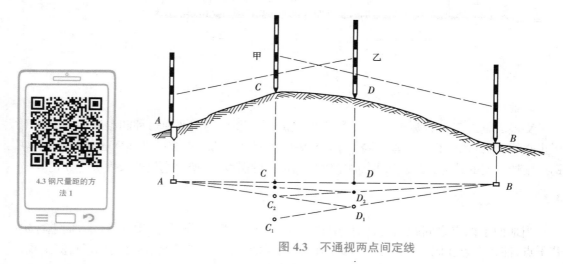

图 4.3　不通视两点间定线

3. 用经纬仪定线

（1）用经纬仪在两点间定线

A、B 两点互相通视，安置经纬仪于 A 点，经过对中、整平后，用望远镜纵丝瞄准 B 点，制动照准部，望远镜可上下转动，指挥在两点间某一点上的助手，左右移动标杆，直至标杆像被纵丝平分。精密定线时,标杆可以用直径更小的测钎或垂球线代替。

（2）用经纬仪延长直线定线

如图4.4所示,如果需要将AB直线延长至C点,置经纬仪于B点,经对中、整平后,望远镜用盘左位置以纵丝瞄准A点,制动照准部,旋松望远镜制动螺旋,倒转望远镜,用纵丝定出C'点。望远镜以盘右位置再瞄准A点,制动照准部,再倒转望远镜定出C''点。取C'与C''的中点,即为精确位于AB直线延长线上的C点。这种延长直线的方法称为经纬仪正倒镜分中法。采用正倒镜分中法,可以抵消经纬仪可能存在的视准轴误差与横轴误差对延长直线的影响。

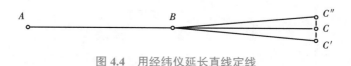

图4.4　用经纬仪延长直线定线

4.2.3　距离丈量

用钢尺或皮尺进行距离丈量的方法基本上是相同的,以下介绍用钢尺丈量距离的方法。

钢尺量距一般需要三人,分别担任前尺手、后尺手及记录工作。在地势起伏较大地区或行人、车辆众多地区丈量时,还应增加辅助人员。丈量的方法随地面情况而有所不同。

1. 平坦地面的丈量方法

如图4.5所示,丈量前,先在直线两端点A、B处竖立标杆,丈量时,后尺手（甲）拿着钢尺的末端站立在起点A,前尺手（乙）拿着钢尺零点一端和一束测钎沿直线方向前进,到一尺段（钢尺的长度）时,两人都蹲下,甲指挥乙将钢尺拉在AB直线上,不使钢尺扭曲,乙拉紧钢尺后喊"预备",甲把尺的末端分划对准起点A喊"好",乙在听到"好"的同时,把测钎对准钢尺零点刻划垂直地插入地面（如果地面插不下测钎,也可用测钎或铅笔在地面上画线作记号）,这样就完成了第一尺段的丈量。甲、乙两人抬尺前进,甲到达测钎或画记号处停住,两人再蹲下,重复上述操作。量完第二段,甲拔起地上的测钎,依次前进,直到AB直线的最后一段,该段距离不会刚好是整尺段的长度,称为余长,丈量余长时,乙将尺的零点刻划对准B点,甲在钢尺上读取余长值,A、B两点间的水平距离为

$$D_{AB}=n\times 尺段长+余长 \tag{4.1}$$

式中:n为整尺段数。

在平坦地面,钢尺沿地面丈量的结果就是水平距离。

为防止错误和提高丈量精度,应往返丈量。把往返丈量所得距离的差数除以该距离的概值,称为丈量的相对精度,或称相对误差。

如AB的往测距离为174.89 m,返测距离为174.84 m,丈量的相对精度为

$$\frac{往测-返测}{距离概值}=\frac{174.89-174.84}{175}=\frac{0.05}{175}=\frac{1}{3\,500}$$

计算相对精度时,往、返差数取其绝对值,化成分子为1的分式。相对精度的分母越大,说明量距的精度越高。钢尺量距的相对精度一般不应低于1/3 000。量距的相对精度没有

超过规定,可取往、返结果的平均值作为两点间的水平距离 D。距离丈量的记录和计算见表 4.1。

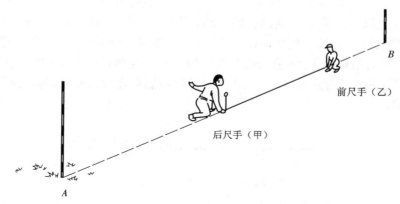

图 4.5 平坦地面距离丈量

表 4.1 钢尺量距记录、计算表

线段	往测		返测		往返差 (m)	相对精度	往返平均 (m)
	分段长 (m)	总长 (m)	分段长 (m)	总长 (m)			
AB	150	174.890	150	174.840	0.050	$\frac{1}{3\,500}$	174.865
	24.890		24.840				
BC	120	138.886	120	138.904	-0.018	$\frac{1}{7\,700}$	138.895
	18.886		18.904				

2. 倾斜地面的丈量方法

（1）平量法

沿倾斜地面丈量距离,当地势起伏不大时,可将钢尺拉平丈量。如图 4.6（a）所示,由 A 点向 B 点丈量,甲立于 A 点,指挥乙将尺拉在 AB 方向线上。甲将尺的零端对准 A 点,乙将钢尺抬高,目估使钢尺水平,然后用垂球尖将尺段的末端投影到地面上,插上测钎。若地面倾斜较大,将钢尺抬平有困难时,可将一个尺段分成几个小段来平量,如图中的 ij 段。将量得的各段平距相加,得 AB 间的水平距离。

（2）斜量法

如果 A、B 两点间有较大的高差,但地面坡度均匀,大致成一倾斜面,如图 4.6（b）所示,可沿地面丈量倾斜距长 S,用水准仪测定两点间的高差 h,或测量出地面倾斜角 α,再按下列两式中的任一公式计算水平距离 D

$$D = \sqrt{S^2 - h^2} \tag{4.2}$$

$$D = S \times \cos\alpha \tag{4.3}$$

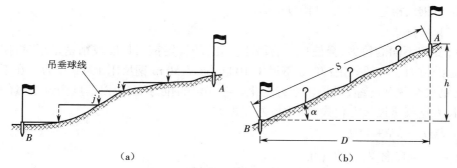

图 4.6 　倾斜地面的距离丈量

3. 高低不平地面的丈量方法

地面高低不平时,为了能量得水平距离,前、后尺手同时抬高并拉紧尺子,使其悬空,并保持大致水平(如为整尺段,中间应有一人将尺托平),用垂球把尺子端点投影到地面上,用测钎等做出标记,如图 4.7(a)所示。分别量得各段水平距离 d_i,然后取总和,得到 A、B 两点间的水平距离 D。这种方法称为水平钢尺法。

地面高低不平并向一个方向倾斜时,可只抬高尺子的一端,用垂球投影,如图 4.7(b)所示。

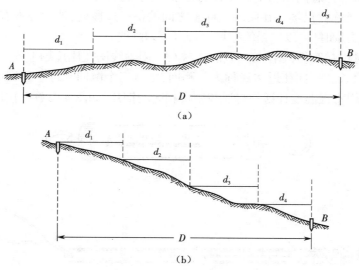

图 4.7 　高低不平地面的丈量方法

4.2.4 　钢尺长度检定

钢尺两端点刻画线间的标准长度称为钢尺的实际长度,尺面刻注的长度称为名义长度,实际长度往往不等于名义长度,用这样的尺子去量距离,每丈量一整段尺长,就会使量得的结果包含一定的差值,而且这种差值是累积性的。为了量得准确的距离,除了要掌握好量距的方法外,

4.4 钢尺量距的方法 2

还必须进行钢尺检定,以求出尺长改正值。

1. 尺长方程式

钢尺受到不同的拉力,会使尺长有微小变化,故检定钢尺长度或精密量距时,拉伸尺子要用一定的拉力。一般规定:30 m 钢尺用 10 kg 拉力,50 m 钢尺用 15 kg 拉力。在不同温度下,由于钢尺会热胀冷缩,尺长也会有变化。在一定的拉力下,用以温度为自变量的函数来表示尺长 l,这就是尺长方程式(简称尺方程式)

$$l = l_0 + \Delta K + \alpha \times l_0 \times (t - t_0) \tag{4.4}$$

式中　l_0——钢尺名义长度(m);

　　　ΔK——尺长改正值(mm);

　　　α——钢的膨胀系数,其值为 0.011 5~0.012 5[mm/(m·℃)];

　　　t_0——标准温度(℃),一般取 20 ℃;

　　　t——丈量时温度(℃)。

每把钢尺都应该有尺长方程式,才能得到实际长度。尺长方程式中的尺长改正值 ΔK 要经过钢尺检定,与标准长度相比较求得。

2. 尺长检定方法

在经过人工整平后的地面上,相距 120 m(或 150 m)的直线两端点埋设固定标志,用高精度的尺子量得两标志间的精确长度作为标准长度,这种专供各种钢尺检定长度的场地称为钢尺检定场,或称比尺场。在两端点标志之间的每一尺段处,地面埋设有金属板,标明直线方向,用钢尺丈量时,可以用铅笔按尺上端点分划画线。

钢尺检定时用弹簧秤(图 4.8)施加一定拉力,用画线法在比尺场上逐尺段丈量画线,最后一尺段读取余长。一次往返丈量称为一测回,丈量三个测回。每一测回中用温度计量取地面温度,一般用水银温度计缚一材质与钢尺相同的钢片,如图 4.9,放在比尺场的地面上。

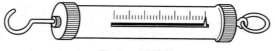

图 4.8　弹簧秤

图 4.9　温度计

钢尺检定的计算见表 4.2。根据规定,钢尺检定的相对精度不应低于 1/100 000。

表 4.2　钢尺鉴定计算表

尺号:015　　　　　　　　　　钢尺名义长度:30 m　　　　　　　　钢尺的膨胀系数:0.012

测回	程序	时间	温度 t(℃)	t-20(℃)	量得长度（m）	改正数 Δt(mm)	量得长度
1	往返	9:50	29.3	+9.3	119.973	+13.4	119.986 4
			29.5	+9.5	119.973	+13.7	119.986 7
2	往返	—	30.4	+10.4	119.970	+15.0	119.985 0
			30.5	+10.5	119.970	+15.1	119.985 1
3	往返	10:40	30.2	+10.2	119.972	+14.7	119.986 7
			31.1	+11.1	119.973	+16.0	119.989 0
平均量得长度(m)			L'=119.986 5				
标准长度(m)			L=119.979 3				
每米尺长改正			$\dfrac{L-L'}{L}=\dfrac{-7.2 \text{ mm}}{120 \text{ m}}=-0.06 \text{ mm/m}$				
30 米尺长改正			30 m × (-0.06 mm/m)= -1.8 mm				
尺长方程式			l=30 m-1.8 mm+0.36(t-20)mm				

4.2.5　钢尺量距的成果整理

钢卷尺量距的成果整理一般应包括计算每段距离(边长)的量得长度、尺长改正、温度改正和高差改正,最后算得的为经过各项改正后的水平距离。

如果距离丈量的相对精度要求不低于 1/3 000(属于较低要求)时,下列情况下,必须进行有关项目改正。

①尺长改正值大于尺长的 1/10 000 时,应加尺长改正。

②量距时温度与标准温度相差 ±10 ℃时,应加温度改正。

③沿地面丈量的地面坡度大于 1%时,应加高差改正。

量距成果整理的各项计算分述如下。

1.计算量得长度

用卷尺丈量距离时,一般为前尺手持卷尺零分划一端。每丈量一次,长度 d 应为后尺读数 a 减前尺读数 b,即

$$d=a-b \tag{4.5}$$

一般情况为丈量整尺段,后尺手将尺上末端分划对准地面标志,前尺手按尺上零分划在地面作出标志。丈量长度为卷尺的名义长度。不是整尺段丈量(例如量余长),则必须按前、后尺读数用式(4.5)计算该尺段的长度。

在一段距离(例如导线的一条边长)丈量若干尺段所得到的总长称为量得长度,按下式计算

$$D'=\sum d_i=\sum(a_i-b_i) \tag{4.6}$$

2.尺长改正

按尺长方程式中的尺长改正值 ΔK 除以卷尺的名义长度 10,可得每米尺长改正值,再乘

以量得长度 D',可得该段距离的尺长改正。

$$\Delta D_K = D' \frac{\Delta K}{l_0} \qquad (4.7)$$

3. 温度改正

用丈量时的平均温度 t 与标准温度 t_0 之差乘以取自尺长方程式中的钢的膨胀系数 $\alpha[\alpha=0.011\,5\sim0.012\,5 \text{ mm}/(\text{m}\cdot\text{℃})]$,再乘以量得长度 D',得到该段距离的温度改正。

$$\Delta D_t = D' \times \alpha \times (t - t_0) \qquad (4.8)$$

4. 倾斜改正

在倾斜地面沿地面丈量时,用水准仪测得两端点的高差 h,按式(4.2)可算得该段距离的倾斜改正,得到水平距离。如果沿线的地面倾斜不是同一坡度,应分段测定高差,分段进行改正。

经过各项改正后的水平距离为

$$D = D' + \Delta D_K + \Delta D_t + \Delta D_h \qquad (4.9)$$

使用一长为 30 m 的钢卷尺,用标准的 10 kg 拉力,沿地面往返丈量 AB 边的长度。该钢尺的尺方程式为:$l = 30 \text{ m} - 1.8 \text{ mm} + 0.36 \times (t - 20)\text{mm}$。

AB 两点间的地面倾斜,用水准仪测得两端点高差 h=2.54 m,往测丈量时的平均温度 t=27.4 ℃,返测时,t=27.9 ℃。往返丈量的量得长度及各项改正按式(4.6)、式(4.7)、式(4.8)计算,最后按式(4.9)计算经过各项改正后的往、返丈量的水平距离(见表4.3)。

表 4.3 钢尺量距的改正计算

线 段 (端点号)	量得长度 D' (m)	丈量时 温度 t (℃)	两端点 高差 h (m)	尺长改正 ΔD_K (m)	温度改正 ΔD_t (m)	高度改正 ΔD_h (m)	改正后平距 D (m)
A-B	234.943	27.4	2.54	-0.014 1	+0.020 9	-0.013 7	234.936
B-A	234.932	27.9	2.54	-0.014 1	+0.022 3	-0.013 7	234.926

根据改正后的水平距离计算往返丈量的相对精度为

$$\frac{234.936 - 234.926}{235} = \frac{1}{23\,500}$$

4.2.6 钢尺量距的误差分析及注意事项

1. 量距误差分析

钢尺量距的主要误差来源有下列几种。

(1)尺长误差

如果钢尺的名义长度和实际长度不符,则产生尺长误差。尺长误差是积累的,所量距离越长,误差越大。新购置的钢尺必须经过检定,以求得尺长改正值。

(2)温度误差

钢尺的长度随温度变化,当丈量温度和标准温度不一致时,将产生温度误差。按照钢的膨胀系数计算,温度每变化 1 ℃,影响长度约为 1/80 000。一般量距,温度变化小于 10 ℃时,可以不加改正,但在精密量距时,必须加温度改正。

（3）尺子倾斜和垂曲误差

当地面高低不平按水平钢尺法丈量距离时,若尺子没有处于水平位置或中间下垂成曲线,将使量得的长度比实际大。丈量时,必须注意尺子水平,整尺段悬空时,中间应有人托一下尺子,否则会产生不容忽视的垂曲误差。

（4）定线误差

由于丈量时尺子没有准确地放在所量距离的直线方向上,使所量距离不是直线而是一组折线,因而使丈量结果偏大,这种误差称为定线误差。一般丈量时,要求定线偏差不大于0.1 m,可以用标杆目测定线。当直线较长或精度要求较高时,应利用仪器定线。

（5）拉力误差

钢尺在丈量时所受拉力应与检定时拉力相同。若拉力变化 7 kg,尺长将改变 1/10 000,故在一般丈量中,只要保持力均匀即可。较精密的丈量工作,需使用弹簧秤。

（6）丈量误差

丈量时,若用测钎在地面上标志尺端点位置时插测钎不准,或前、后尺手配合不佳,或余长读数不准,都会引起丈量误差,这种误差对丈量结果的影响可正可负,大小不定。故在丈量中应尽力做到对点准确,配合协调。

2. 钢尺的维护

钢尺的维护主要有以下几方面。

①钢尺易生锈,工作结束后,用软布擦去尺上的泥和水,涂上机油,以防生锈。

②钢尺易折断,如果钢尺出现卷曲,切不可用力硬拉。

③在行人和车辆多的地区量距时,中间要有专人保护,严防尺被车辆压过而折断。

④不准将尺子沿地面拖拉,以免磨损尺面刻画。

⑤收卷钢尺时,应按顺时针方向转动钢尺摇柄,切不可逆转,以免折断钢尺。

任务 4.3　视距测量

视距测量是根据几何光学原理,利用安设在望远镜内的视距装置同时测定两点间的水平距离和高差的一种测量方法。视距测量具有操作方便、速度快、不受地面高低起伏限制等优点,但测距精度较低。实验资料分析证明,一般视距测量的相对误差为 1/200~1/300。测距精度要求较低时,可采用视距测量。

一般测量仪器(经纬仪、水准仪等)的望远镜内都有视距装置。这种装置较为简单,就是在十字丝分划板上,刻有上、下对称的两条短横线,称为视距丝。

视距测量中有专用的视距标尺,也可用水准尺代替。为了能测较远的距离,经常采用的是 5 m 塔尺。为便于测远距离时读数方便,可采用 2 cm 分划的标尺。

4.3.1　视距测量原理

1. 视准轴水平时的视距测量公式

如图 4.10 所示，欲测定 A、B 两点间的水平距离 S 及高差 h，在 A 点安置仪器，B 点竖立视距标尺。望远镜视准轴水平时，照准 B 点时的视距标尺视线与标尺垂直交于 Q 点。若尺上 M、N 两点成像在十字丝分划板上的两根视距丝 M、N 处，标尺上 MN 长度可由上、下视距丝读数之差求得。上、下视距丝读数之差称为尺间隔。

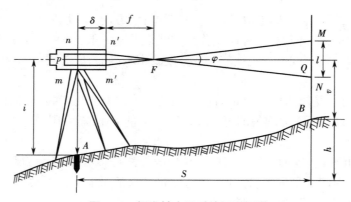

图 4.10　视准轴水平时的视距测量

在图 4.10 中，l 为尺间隔，p 为视距丝间距，f 为物镜焦距，δ 为物镜到仪器中心的距离。由相似三角形 $m'n'F$ 与 MNF 得

$$\frac{FQ}{l} = \frac{f}{p}$$

即　　$FQ = \dfrac{f}{p} \cdot l$

由图看出　$S = FQ + f + \delta$

令　$\dfrac{f}{p} = K$

　　$f + \delta = c$

则　　$S = Kl + c$　　　　　　　　　　　　　　（4.10）

式中：K 为乘常数；c 为加常数。

目前测量常用的望远镜，设计制造时，已使 $K=100$。常用的内对光测量望远镜适当地选择透镜的半径、透镜间的距离以及物镜到十字丝平面的距离，可以使 c 趋近于零。因此式（4.10）可写成

$$S = Kl = 100l　　　　　　　　　　　　　　（4.11）$$

目前常用的测量仪器上的望远镜都是内对光的，以后有关视距问题的讨论中，都以 $c=0$ 为前提来分析。

由图 4.10 还可写出高差公式为

$$h = i - v　　　　　　　　　　　　　　　　（4.12）$$

式中:仪器高 i 为地面点标志顶至仪器横轴的铅垂距离;目标高 v 为望远镜十字丝在标尺上的中丝(横丝)读数。

由图可以看出

$$\tan\frac{\varphi}{2}=\frac{\dfrac{p}{2}}{f}=\frac{1}{2\dfrac{f}{p}}=\frac{1}{2K}=\frac{1}{200}$$

$\varphi=0°\ 34'22.6''$。

仪器制造时 φ 值已定,这种用定角 φ 来测定距离的方法又称定角视距。

2. 视准轴倾斜时的视距测量公式

在地面起伏较大的地区进行视距测量时,必须使视准轴处于倾斜状态才能在标尺上读数,如图 4.11 所示。

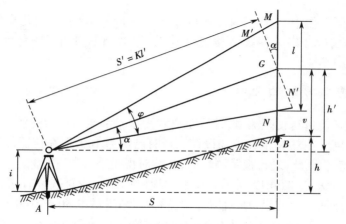

图 4.11　视准轴倾斜时的视距测量

标尺立在 B 点,与视线不垂直,故不能用式(4.11)计算距离。将标尺绕 G 点旋转一个角度 α(等于视线的倾角),视线与视距标尺的尺面垂直。即可依式(4.11)求出斜距 S',即

$$S'=Kl'$$

式中的 $M'N'=l'$ 无法测得,但由图 4.11 中可以看出 $MN=l$,与 l' 存在一定的关系,即

$$\angle MGM'=\angle NGN'=\alpha$$

$$\angle MM'G=90°\ +\frac{\varphi}{2}$$

$$\angle NN'G=90°\ -\frac{\varphi}{2}$$

式中,$\varphi/2=0°\ 17'11.3''$,角值很小,可近似地认为 $\angle MM'G$ 和 $\angle NN'G$ 是直角。

于是

$$M'G=MG\times\cos\alpha$$

即 $$\frac{1}{2}l'=\frac{1}{2}l\cos\alpha$$

$$N'G = NG \times \cos \alpha$$

即 $\dfrac{1}{2}l' = \dfrac{1}{2}l \cos \alpha$

$$l' = l \cos \alpha$$

代入公式（4.11）得

$$S = S' \cos \alpha = Kl \cos^2 \alpha \tag{4.13}$$

由图 4.11 可以看出，A、B 的高差为

$$h = h' + i - v$$

式中 h' 称初算高差，可由下式计算

$$h' = S' \times \sin \alpha = K \times l \times \cos \alpha \times \sin \alpha = \frac{1}{2}K \times l \times \sin 2\alpha$$

而 $h = \dfrac{1}{2}K \times l \times \sin 2\alpha + i - v \tag{4.14}$

视距测量实际工作中，一般尽可能使目标高 v 等于仪器高 i，以简化高差 h 的计算。

式（4.13）和式（4.14）为视距测量的普遍公式，当视线水平、竖直角 $\alpha = 0$ 时，即为式（4.11）和式（4.12）。

4.3.2 测定视距乘常数的方法

用内对光望远镜进行视距测量，计算距离和高差时都要用到乘常数 K，K 值正确与否，直接影响测量精度。虽然 K 值在仪器设计制造时已定为 100，但在仪器使用或修理过程中，K 值可能发生变动。因此，进行视距测量前，必须对视距乘常数进行测定。

K 值的测定方法，如图 4.12 所示。在平坦地区选择一段直线 AB，在 A 点打一木桩，在该点上安置仪器。从 A 点起沿 AB 直线方向，用钢尺精确量出 50 m、100 m、150 m、200 m 的距离，得 P_1、P_2、P_3、P_4 点在各点以木桩标出点位。在木桩上竖立标尺，每次以望远镜水平视线，用视距丝读出尺间隔 l。通常用望远镜盘左、盘右两个位置各测两次取平均值，这样就测得四组尺间隔，分别取其平均值，得 l_1、l_2、l_3 和 l_4。然后依公式 $K = S/l$ 求出按不同距离所测定的 K 值，即

$$K_1 = \frac{50}{l_1}, \quad K_2 = \frac{100}{l_2}, \quad K_3 = \frac{150}{l_3}, \quad K_4 = \frac{200}{l_4}$$

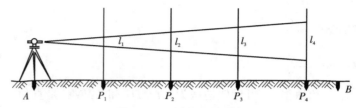

图 4.12 测定视距乘常数

最后用下式计算各 K 值平均值，即为测定的视距乘常数

$$K = \frac{K_1 + K_2 + K_3 + K_4}{4}$$

视距乘常数测定记录和计算列于表 4.4。

表 4.4　视距乘常数测定记录和计算

距离 S_i（m）			50	100	150	200
盘	1	下	1.751	2.002	2.251	2.505
		上	1.250	1.000	0.750	0.500
		下－上	0.501	1.002	1.501	2.005
左	2	下	1.751	2.000	2.252	2.506
		上	1.249	1.000	0.749	0.499
		下－上	0.502	1.000	1.503	2.007
盘	3	下	1.753	2.005	2.255	2.510
		上	1.252	1.004	0.755	0.508
		下－上	0.501	1.001	1.500	2.002
右	4	下	1.753	2.005	2.257	2.512
		上	1.253	1.004	0.755	0.507
		下－上	0.500	1.001	1.502	2.005
尺间隔平均值			0.501 0	1.001 0	1.501 5	2.004 8
K_i			99.80	99.90	99.90	99.76
视距乘常数 K 的平均值　$K=99.84$						

若测定的 K 值不等于 100，在 1∶5 000 比例尺测图时，其差数不应超过 ±0.15；在 1∶1 000、1∶2 000 比例尺测图时，不应超过 ±0.1。若在允许范围内仍可将 K 当 100，否则用测定的 K 值代替 100 来计算水平距离和高差值。这在目前广泛使用电子计算器的条件下，也是方便的。还可编制改正数表进行改正计算。

任务 4.4　电磁波测距

电磁波测距是用电磁波（光波或微波）作为载波传输测距信号以测量两点间距离的一种方法。与传统的量距工具和方法相比，电磁波测距具有精度高、作业快、几乎不受地形限制等优点。

电磁波测距的仪器按其所采用的载波可分为用微波段无线电波作为载波的微波测距仪、用激光作为载波的激光测距仪、用红外光作为载波的红外光测距仪（通称红外测距仪）。后两者又总称为光电测距仪。微波测距仪和激光测距仪多用于长程测距，测程可达数十公里，一般用于大地测量。红外测距仪用于中、短程测距，一般用于小地区控制测量、地形测量、房地产测

4.5 激光测距仪的使用

量和建筑施工测量。也有轻便的激光测距仪,用于较短距离的测量,如室内量距。

目前,电磁波测距仪已与电子经纬仪合为一体,称为全站型电子速测仪,简称全站仪,它能同时完成测角和测距任务。

下面主要介绍红外测距仪的基本工作原理和用全站仪测量距离的方法。

4.4.1 红外测距仪的工作原理

红外测距仪的工作原理是利用已知光速 c,测定它在两点间的传播时间 t,用以计算距离。如图 4.13 所示,测定 A、B 两点间的距离,将一台发射和接收光波的测距仪主机放在一端 A 点,另一端点 B 放反射棱镜,距离 S 可按下式计算

$$S = \frac{1}{2}c \times t \tag{4.15}$$

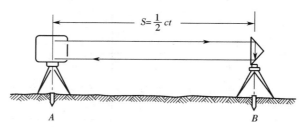

图 4.13 光电测距仪的工作原理

A、B 两点一般并不同高,红钱测距测定的为斜距 S。再通过垂直角观测,将斜距归算为平距 D 和高差 h。光在真空中的传播速度(光速)是一个重要的物理量,通过近代的科学实验,迄今所知的光速的精确数值为 c_0=(299 792 458 ± 1.2)m/s。光在大气中的传播速度为

$$c = \frac{c_0}{n} \tag{4.16}$$

式中:n 为大气折射率,它是光的波长 λ_g、大气温度 t 和大气气压 p 等的函数,即

$$n = f(\lambda_g, t, p) \tag{4.17}$$

红外测距仪采用砷化镓(GaAs)发光二极管发出的红外光作为光源,波长 λ_g=0.82~0.93 μm(一架具体的红外测距仪,有一定值)。影响光速的大气折射率随大气的温度、气压而变化,光电测距作业中,必须测定现场的大气温度和气压,对所测距离作气象改正。

光速是接近于 3×10^8 m/s 的已知数,相对误差甚小,测距的精度决定于测定时间 t 的精度。利用先进的电子脉冲计数,能精确测定到 ± 10^{-8} s,由此引起的测距误差为 ± 1.5 m。为了进一步提高光电测距的精度,必须采用精度更高的间接测时手段——相位法测时,据此测定距离称为相位式测距。相位式光电测距的原理为:采用周期为 T 的高频电振荡对测距仪的发射光源(红外测距仪采用砷化镓发光二极管)进行连续的振幅调制,使光强随电振荡的频率周期地明暗变化(每周相位 φ 的变化为 0~2π),如图 4.14 所示。调制光波(调制信号)在待测距离上往返传播,使在同一瞬时发射光与接收光产生相位移(相位差)φ,如图 4.15 所示。根据相位差间接计算传播时间,从而计算距离。

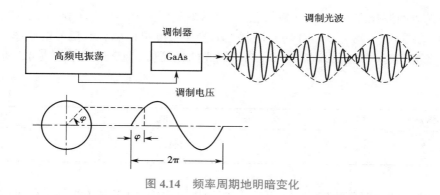

图 4.14　频率周期地明暗变化

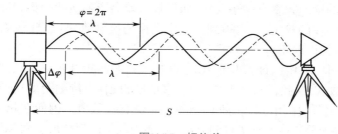

图 4.15　相位差

设调制信号的频率为 f（每秒振荡次数），周期 $T=1/f$（每振荡一次的时间（s）），调制光的波长为

$$\lambda = c \times T = \frac{c}{f} \tag{4.18}$$

因此

$$c = \lambda f = \frac{\lambda}{T} \tag{4.19}$$

调制光波在往返传播时间内，调制信号的相位变化了 N 个整周（NT）及不足一个整周的尾数 ΔT，即

$$t = N \times T + \Delta T$$

由于一个周期中相位差的变化为 2π，不足一整周的相位差尾数为 $\Delta\varphi$，因此

$$\Delta T = \frac{\Delta\varphi}{2\pi} \times T \tag{4.20}$$

$$t = T\left(N + \frac{\Delta\varphi}{2\pi}\right) \tag{4.21}$$

将式（4.19）、式（4.21）代入式（4.15），得到相位式光电测距的基本公式

$$S = \frac{\lambda}{2}\left(N + \frac{\Delta\varphi}{2\pi}\right) \tag{4.22}$$

相位式光电测距的原理和钢卷尺量距相仿，相当于用一支长度为 $\lambda/2$ 的"光尺"来丈量距离，N 为"整尺段数"，$\dfrac{\lambda}{2} \times \dfrac{\Delta\varphi}{2\pi}$ 为"余长"。

某种光源的波长 λ_g，在标准气象状态下（一般取气温 $t=15\ ℃$，气压 $p=101.3\ kPa$）的光速可以算得（参看式（4.18）、式（4.19）），调制光的光尺长度可以由调制信号的频率 f 来决定。近似地取光速 $c=3\times10^8\ m/s$，调制频率 f 与调制光的光尺长度 $\lambda/2$ 的关系如表4.5所示。

表4.5　调制频率 f 与调制光的光尺长度 $\lambda/2$ 的关系

调制频率 f	15 MHz	7.5 MHz	1.5 MHz	150 kHz	75 kHz
光尺长度 $\frac{\lambda}{2}$	10 m	20 m	100 m	1 km	2 km

由此可见，调制频率决定光尺长度。仪器使用过程中，由于电子组件老化等原因，实际的调制频率与设计的标准频率有微小变化，如尺长误差会影响所测距离，其影响与距离的长度成正比。经过测距仪的检定，可以得到改正距离用的比例数，称为测距仪的乘常数 R。必要时，在测距计算时加以改正。

测距仪的构件中，用相位计按相位比较的方法只能测定往返调制光波相位差的尾数 $\Delta\varphi$，无法测定整周数 N，因此，使式（4.22）产生多值解，只有当待测距离小于光尺长度时，才能有确定的数值。另外，用相位计一般只能测定4位有效数值。因而在相位式测距仪中有两种调制频率、两种光尺长度。如 $f_1=15\ kHz$。$\lambda_1/2=10\ m$（称为精尺），可以测定距离尾数的米、分米、厘米、毫米数；$f_2=150\ kHz$，$\lambda_2/2=1\ 000\ m$（称为粗尺）可以测定百米、十米、米数。这两种尺子联合使用，可以测定1 km以内的距离值。

电子信号在仪器内部线路中通过需要一定的时间，这就相当于附加了一段距离。因此，测距仪内部设置了内光路，借活动的内光路棱镜使发射信号经过光导管，直接在仪器内部回到接收系统。通过相位计比相，可以测定仪器内部线路的长度，称为内光路距离。所要测定的两点间距离应为外光路距离与内光路距离之差。经过计算，显示两点间距离的数值。

由于电子组件的老化和反射棱镜的更换等原因，往往使仪器显示距离与实际距离不一致，而存在一个与所测距离长短无关的常数差，称为测距仪的加常数 C。通过测距仪的检定，可以求得加常数 C，必要时，在测距计算中加以改正。

4.4.2　全站仪的距离测量方法

图4.16为中海达ZTS-421L10全站仪外形，该仪器采用激光对中，测角精度2秒，测距精度2 mm+2 PPm。

全站仪测距时还需要配备棱镜、气压表和温度计等（如图4.17和图4.18）。棱镜用于反射电磁波，气压计测得的气压和温度计测得的温度用于对测量的距离加入气象改正数。

图 4.16　中海达 ZTS-421L10 全站仪

图 4.17　棱镜

发条手柄

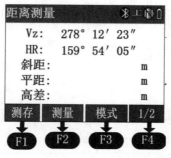

空盒气压表

通风干湿温度计

24.3 ℃

图 4.18　支架、气压表、温度计

全站仪距离测量操作界面如图 4.19。

图 4.19　全站仪距离测量界面

[测存]:按【F1】键开始进行距离测量并保存数据。

[测量]:按【F2】键开始进行距离测量。

[模式]:按【F3】键进入到测量模式设置。

[1/2]:按【F4】键屏幕翻页。

需要注意的是,全站仪距离测量时,需要设置棱镜常数,测距前必须将所使用棱镜的棱镜常数输入到仪器中,仪器会自动对所测距离进行改正。

4.4.3 测距成果整理

测距时所得一测回或几测回的距离读数平均值 S' 为野外测得的斜距,必须经过改正,才能得到两点间正确的水平距离。

1. 测距仪常数改正

将测距仪在若干条标准长度上(如六段法)进行鉴定,可以获得测距仪的乘常数 R 和加常数 C。

距离的乘常数改正与所测距离的长度成正比,乘常数改正的单位取 mm/km。距离的乘常数改正值为

$$\Delta S_R = RS' \tag{4.23}$$

例如,测得斜距 S'=816.350 m,R=+6.3 mm/km,则 ΔS_R=6.3 × 0.816=+5 mm。

距离的加常数改正值 ΔS_C 与距离的长短无关,即

$$\Delta S_C = C \tag{4.24}$$

例如,C= −8.2 mm,则 ΔS_C=−8 mm。

2. 气象改正

影响光速的大气折射率 n 为光的波长 λ_g、气温 t 和气压 p 的函数。某一型号的测距仪,采用一定的光源,λ_g 为一定值。根据距离测量时测定的气温及气压,可以计算距离的气象改正。距离的气象改正与距离的长度成正比,仪器的气象改正参数 A 相当于一个乘常数,其单位取 mm/km,仪器说明书中会给出 A 的计算式。

例如,某测距仪以 t=15 ℃,p=101.3 kPa(1 mmHg=133.322 Pa,1 Pa=1 N/m^2)为标准状态,此时,A=0,在一般大气状态下,则有

$$A = \left(278.96 - \frac{2.904p}{1+0.003\ 661t} \right) \text{mm/km} \tag{4.25}$$

由于 1 kPa=7.5 mmHg,因此,如果汞高为气压 p 的单位时,则

$$A = \left(278.96 - \frac{0.387\ 2p}{1+0.003\ 661t} \right) \text{mm/km} \tag{4.26}$$

距离的气象改正值为

$$\Delta S_A = AS' \tag{4.27}$$

例如,观测时,t=30 ℃,p=98.67 kPa,则 A=+21 mm/km,对于斜距 S'=816.350 m,则

$$\Delta S_A = +21 \text{ mm/km} × 0.186 \text{ km} = +17 \text{ mm}$$

3. 改正后的斜距和平距、高差计算

斜距观测值 S' 经过乘常数改正、加常数改正和气象改正后,得到改正后的斜距

$$S = S' + \Delta S_R + \Delta S_C + \Delta S_A \tag{4.28}$$

两点间的平距 D 和两点间测距仪与棱镜的高差 h' 是斜距在水平和垂直方向的分量,由经纬仪测定斜距方向的垂直角为 α,因此

$$D = S \cdot \cos \alpha \tag{4.29}$$

$$h'=S \cdot \sin \alpha \qquad (4.30)$$

4.4.4 测距的精度分析和注意事项

1. 误差来源

（1）调制频率误差

由式（4.18）和式（4.22）可得

$$S= \frac{c}{2f}(N+\frac{\Delta\varphi}{2\pi}) \qquad (4.31)$$

对上式中的距离 S 及仪器的调制频率 f 进行微分，可得

$$\frac{\mathrm{d}S}{S}=-\frac{\mathrm{d}f}{f} \qquad (4.32)$$

上式说明频率的相对误差使测定的距离产生相同的相对误差，因而距离误差的大小与距离的长度成正比。仪器使用中电子组件的老化，会使原来设计的标准频率发生变化，因此，通过测距仪鉴定、测定乘常数 R，对距离进行改正，主要就是为了消除或减小仪器的调制频率误差。测距时，是否需要进行这项改正，视测距所需要的精度及乘常数的大小而定。

（2）气象参数误差

测距时测定的气象参数为大气温度 t 及气压 p。根据式（4.25）或式（4.26），可以计算出：测定气温的每 1 ℃的误差或测定气压时每 0.4 kPa 或 3 mmHg 的误差，1 km 的距离，将产生 1 mm 的误差。因此，气象参数的测定并进行改正只有在参数与标准状态相差很大时才有必要。大气温度不容易测得很准确，在精密测距时，成为不容忽视的误差来源。

（3）仪器对中误差

光电测距是测定测距仪中心至棱镜中心的距离，仪器和棱镜的对中误差有多大，测距的影响也有多大。对中误差的大小与距离的长短无关，短距离尤其应注意仪器及棱镜的对中精度，一般要求用光学对中器对中，使此项误差不大于 2 mm。

（4）测相误差

从相位式测距的原理及其基本公式（4.22）中知道，无论距离长短，均从测定参考信号和测距信号的相位差中间接推算出距离，而测定相位差有一定的误差。测相误差包括自动数字测相系统的误差和测距信号在大气传输中的信噪比误差等（信噪比为接收到的测距信号强度与大气中杂散光的强度之比）。前者决定于测距仪的性能和精度，后者决定于测距时的自然环境，空气的透明程度、干扰因素的多少、视线离地面及障碍物的远近等。测相误差对测距的影响与距离的长短基本无关。

2. 测距的精度

根据以上对误差来源的分析，知道有一部分误差（测相误差等）对测距的影响与距离的长短无关，称为常误差（固定误差），表示为 a；而另一部分误差（气象参数测定误差等）对测距的影响与斜距的长度 s 成正比，称为比例误差，其比例系数为 b。因此，光电测距的中误差为 m_s（又称测距仪的标称精度），以下式表示：

$$m_s=\pm (a+bs) \qquad (4.33)$$

式中：比例系数 b 一般以百万分率表示，b 的单位为 mm/km。例如，测距仪的测距中误差为

±（5 mm+5×10⁻⁶），相当于上式中 a=5 mm，b=5 mm/km，此时，s 的单位为 km。

3. 光电测距的注意事项

①光电测距仪属于贵重仪器，运输、携带、装卸、操作过程中，都必须十分注意。运输和携带中，要防震、防潮；装卸和操作中，要连接牢固，电源插接正确，严格按操作程序使用仪器；搬站时，仪器必须装箱。

②有阳光的天气，必须撑伞保护仪器；通电作业时，严防阳光及其他强光直射接收物镜，避免损坏接收系统中的光敏二极管。

③设置测站时，要避免强电磁场的干扰，不宜在变压器、高压线附近设站。

④气象条件对光电测距有较大的影响。在强烈的阳光下而视线又靠近地面时，往往使望远镜中成像晃动剧烈，此时，应停止观测。高温（35 ℃以上）天气下连续作业对仪器有损害。微风的阴天是观测的良好时机。

课后思考 📍

1. 距离测量的主要作用是什么？

2. 直线定线的主要方法和步骤是什么？

3. 视距测量的基本原理是什么？

4. 三角高程测量的基本原理是什么？

5. 三角高程测量的外业观测步骤有哪些？

6. 钢尺量边的步骤有哪些？

7. 已知尺长方程：S_t=50-0.007 9+0.000 012 5×50（t-20），量距斜长 46.563 m，倾角 20°23′12″，量距时的温度 26 ℃，求测段实际长度。

8. 影响三角高程测量精度的因素有哪些？

项目 5

全站仪的使用

项目概述

　　本项目主要介绍全站仪的测量内容、角度测量的方法、距离测量的方法、坐标测量的方法,以及全站仪悬高测量、对边测量、偏测量、面积测量。

学习目标

　　知识目标:了解全站仪的测量内容;掌握全站仪角度测量的方法;掌握全站仪距离测量的方法;了解全站仪的其他测量功能。
　　技能目标:能操作全站仪进行角度测量;能操作全站仪进行距离测量;能够操作全站仪进行悬高测量、对边测量、偏测量、面积测量等。
　　素养目标:①培养不畏艰辛、吃苦耐劳的测绘精神;②注重养成认真细致、精益求精的工作作风;③逐步培养沟通交流的习惯、分工协作的团队意识。

关键内容

　　重点:角度测量的方法、距离测量的方法、坐标测量的方法。
　　难点:全站仪悬高测量、对边测量、偏测量、面积测量。

任务 5.1　中海达 ZTS-720 全站仪简介

课程思政:军旗下的
测绘人

5.1 全站仪测量的基
本知识 1

5.1.1　中海达 ZTS-720 全站仪简介

　　由于具有较好的性价比,中海达安卓全站仪 ZTS-720 系列深受广大测绘工作者的喜爱。中海达 ZTS-720 全站仪可灵活应用在矿物普查、勘探和采掘,修建铁路、公路、桥梁,农田水利、城市规划与建设等方面。

　　中海达 ZTS-720 全站仪基于 Android 硬件平台,搭配功能强大的行业应用软件,包括项目管理、基本测量、程序测量、道路放样、桥梁、隧道;可安装到手持移动端使用,WiFi 连接全站仪远程控制测量,适用于各种专业测量;具备影像辅助放样功能,可在软件界面显示放样点点位标记;防尘等级为 IP66 级,屏幕为 5.5 寸高清触摸屏,便于常规测量、放样以及 CAD 放样。

5.1.2   技术指标

中海达 ZTS-720 全站仪(见图 5.1)是新近上市的全站仪,外形如图 5.1(a),组成如图 5.1(b)。主要技术指标如下。

①测角精度:2 s,最小计数 0.1 s。

②测距精度:$2 \text{ mm} \pm 2 \times 10^{-6} \cdot D$。

③测程:棱镜组 5 000 m,免棱镜 1 000 m。

④屏幕:双面 5.5 寸(带触摸功能)。

⑤内存:RAM 2G+ROM 16G。

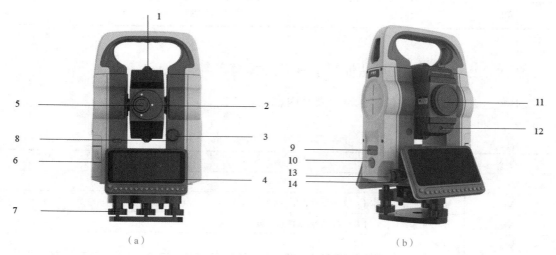

（a）   （b）

图 5.1   中海达 ZTS-720 全站仪

(a)中海达 ZTS-720 全站仪外形　(b)中海达 ZTS-720 全站仪外形全站仪组成

1—粗瞄准器;2—物镜调焦螺旋;3—垂直微调螺旋;4—显示屏;5—目镜;6—电池仓盖;7—基座;8—垂直制动螺旋;
9—Type C USB 接口/SD 卡槽/外置 SIM 卡槽;10—快速测量按键;11—物镜;12—摄像头;13—水平微调螺旋;14—水平制动螺旋

5.1.3   中海达 ZTS-720 全站仪面板

中海达 ZTS-720 全站仪面板如图 5.2,按键名称与功能见表 5.1。

5.2 全站仪测量的基本知识 2

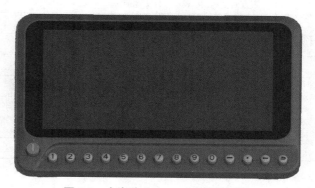

图 5.2   中海达 ZTS-720 全站仪面板

表 5.1　中海达 ZTS-720 全站仪面板按键名称及功能表

按键	名称	功能
●	快速测量按键	可配置测量/测存模式,点击后触发一次测量/测存
❶	电源开关	控制电源的开关
0~9	数字键	输入数字 0~9
·~-	符号键	输入符号:小数点、负号
←	删除键	删除插入符的前一个字符
⏎	返回键	返回上一层

5.1.4　中海达 ZTS-720 全站仪显示符号及其内容

中海达 ZTS-720 全站仪显示符号及其内容见表 5.2。

表 5.2　中海达 ZTS-720 全站仪显示符号及其内容

符号	内容
Vz	天顶距模式
V0	正镜时的望远镜水平时为 0 的垂直角显示模式
Vh	竖直角模式（水平时为 0,仰角为正,俯角为负）
V%	坡度模式
HR	水平角（右角）
HL	水平角（左角）
HD	水平距离
VD	高差
SD	斜距
N	北方向坐标,dN 表示放样 N 坐标差
E	东方向坐标,dE 表示放样 E 坐标差
Z	高程坐标,dZ 表示放样 Z 坐标差
m	以米为单位
ft	以英尺为单位
fi	以英尺与英寸为单位,小数点前为英尺,小数点后为百分之一英寸
X	点投影测量中沿基线方向上的数值,从起点到终点的方向为正
Y	点投影测量垂直偏离基线方向上的数值
Z	点投影测量中目标的高程

5.3 全站仪的基本
知识

任务 5.2　全站仪角度测量

5.2.1　角度测量按键操作

下面以中海达 ZTS-421L10 全站仪为例介绍全站仪的角度测量功能,其角度测量按键功能见表 5.3。

表 5.3　角度测量按键功能

页面	软键	显示符号	功能
1	F1	测存	将角度数据记录到当前的测量文件中
	F2	置零	水平角置零
	F3	置盘	通过键盘输入并设置所期望的水平角,角度不大于 360°
	F4	1/3	显示第 2 页软键功能
2	F1	锁定	水平角读数锁定
	F2	复测	水平角重复测量
	F3	坡度	垂直角/百分比坡度的切换
	F4	2/3	显示第 3 页软键功能
3	F1	H 蜂鸣	直接蜂鸣开关/关设置
	F2	右左	水平角右角/左角显示模式的转换
	F3	竖角	垂直角显示格式(高度角/天顶距)的切换
	F4	3/3	显示第 1 页软键功能

5.2.2　全站仪的角度测量模式

全站仪的角度测量模式显示内容如图 5.3。

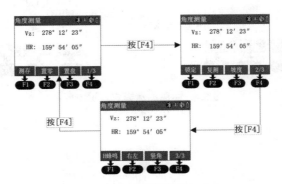

图 5.3　角度测量模式显示内容

任务 5.3　全站仪距离测量

5.3.1　距离测量按键操作

下面以中海达 ZTS-421L10 全站仪为例介绍全站仪的距离测量功能，其距离测量按键功能见表 5.4。

表 5.4　距离测量按键功能

页面	软键	显示符号	功能
1	F1	测存	启动距离测量，将测量数据记录到相对应的文件中（测量文件和坐标文件在数据采集功能中选定）
	F2	测量	启动距离测量
	F3	模式	设置四种测距模式（单次精测/N 次精测/重复精测/跟踪）之一
	F4	1/2	显示第 2 页软键功能
2	F1	偏心	启动偏心测量功能
	F2	放样	启动距离放样
	F3	m/f/i	设置距离单位（米/英尺/英尺.英寸）
	F4	2/2	显示第 1 页软键功能

5.3.2　全站仪的距离测量模式

全站仪的距离测量模式显示内容如图 5.4。

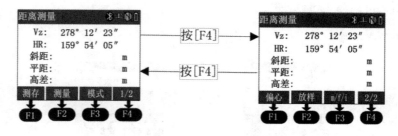

图 5.4　距离测量模式显示内容

任务 5.4　全站仪坐标测量

全站仪坐标测量通常称为"数据采集",用全站仪采集碎部点的坐标高程数据,步骤如下。

5.4 全站仪的功能

5.4.1　建立项目

新建项目时点击【项目管理】,点击界面上的蓝色悬浮【新建】(新建按钮可拖动),进入创建项目界面,输入项目名(必填)、作业人员、备注等信息,选择所需的图例模板,确认无误后点击【确定】完成新建项目,如图 5.5 和图 5.6。

9:44						@ 4G ◢
← 项目管理					图例编码	☰
当前项目 📁 Unnamed				查看属性	容量：7.24G可用,总8.57G	
历史项目				项目目录路径	本机存储	>
📁 2023-01-04					2023-01-04 10:05:53.0	
📁 最小用例					2023-01-03 10:11:38.0	

图 5.5　全站仪 ZTS-720 项目管理菜单

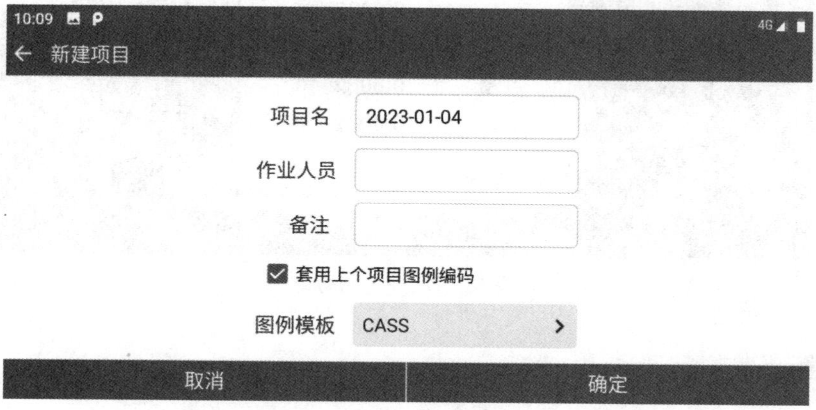

10:09		4G ◢
← 新建项目		

项目名　2023-01-04

作业人员

备注

☑ 套用上个项目图例编码

图例模板　CASS　　>

取消	确定

图 5.6　新建项目

5.4.2　架站与设站

软件支持用户使用测站后视、高程传递、后方交会、点到直线等方式进行设站。以坐标

定向测站后视为例进行说明。

①全站仪架设在已知点 A 上,照准已知点 B。

②点击【设站】--【测站后视】,定向方式选择"坐标定向"。测站点设置已知点 A 的坐标,后视点设置已知点 B 的坐标,正确输入仪器高和目标高,如图 5.7。

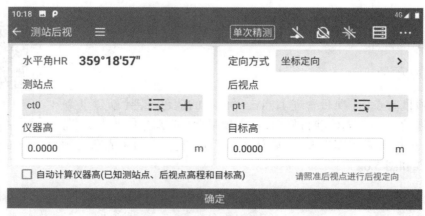

图 5.7　后视定向

③照准后视点,点击【确定】。此时会弹出测量差值检查框,如图 5.8。若用户判断差值在接受范围内,点击【确定】,即完成测站后视;若差值超限,点击【取消】,可重新进行坐标定向。

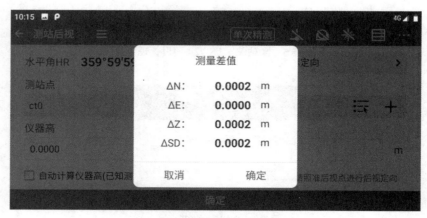

图 5.8　后视定向检查

5.4.3　坐标采集

仪器软件支持多种采集程序,以最基础的坐标测量为例进行说明。

①点击【基本测量】--【坐标测量】或【采集程序】--【坐标测量】,进入坐标测量界面,如图 5.9。

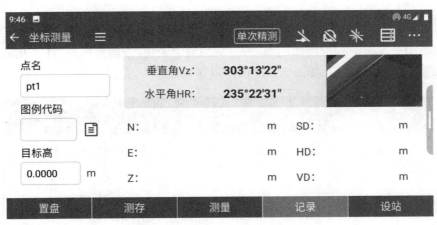

图 5.9　全站仪坐标高程数据采集

②照准目标点,输入点名、图例代码、目标高,点击【测量】--【记录】或直接点击【测存】,即可测量并保存棱镜点至全站仪点库。

任务 5.5　全站仪偏心测量

偏心测量就是反射棱镜不能安置在待测点的中心,而将棱镜安置在与中心相关的某处,间接地测定中心点的位置,即待测点与测站点通视,但其上无法安置反射棱镜的情况。如在地形测量中要测量罐体的中心、烟囱的中心、水池的中心、树木的中心时,可以采用全站仪偏心测量。

偏心测量有四种模式:角度偏心测量、距离偏心测量、平面偏心测量、圆柱偏心测量。下面介绍角度偏心测量,其他偏心测量类此进行。

5.5.1　角度偏心测量的测量原理

如图 5.10 所示, A 为测站点(已知点), B 为后视点(已知点), P 为待测点(未知点,无法安置棱镜), C 为偏心点(立棱镜点)。要求 AC 的距离等于 AP 的距离。计算公式为

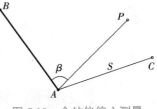

图 5.10　全站仪偏心测量

$$x_P = x_A + S\cos\delta\cos(\alpha_{AB} + \beta)$$
$$y_P = y_A + S\cos\delta\sin(\alpha_{AB} + \beta)$$

（5.1）

式中　S——测量出的测站点 A 至偏心点 C(棱镜)之间的斜距;

δ——测量出的测站点 A 至偏心点 C(棱镜)之间的竖直角;

α_{AB}——已知边 AB 的坐标方位角;

β——未知边 AP 与已知边 AB 的水平夹角, AP 在 AB 左侧时,取"$-\beta$"。

5.5.2 操作步骤

该功能用于测定圆柱形物体的圆心点位,如测定大树、油罐。可通过【采集程序】--【圆柱偏心】进入圆柱偏心界面,如图5.11。操作步骤如下。

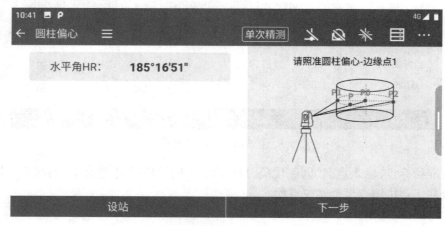

图 5.11 全站仪偏心测量第一点 P_1

①照准圆柱边缘第一点 P_1,点击【下一步】,进入下一步的同时获取水平角数据。

②照准圆柱边缘第二点 P_2,点击【下一步】,进入下一步的同时获取水平角数据,如图5.12。

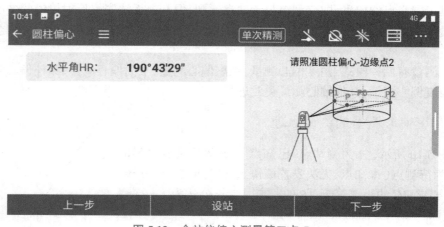

图 5.12 全站仪偏心测量第二点 P_2

③照准圆柱面上的 P 点,点击【测量】获得方位角和测距数据。

需要注意的是,如果要测量 P_0 点坐标,目标高输入"0";如果要测量 P_0 对应地面点的坐标,目标高输入 P 距离地面的高度,如图5.13。

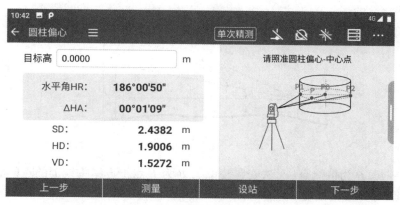

图 5.13　全站仪偏心测量 P 点

④点击【下一步】,得出圆柱中心坐标,可以选择【记录】、【下一点】,如图 5.14。

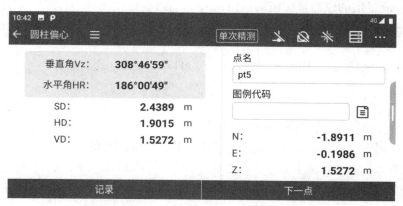

图 5.14　全站仪算出圆柱中心 P_0 点坐标

任务 5.6　全站仪悬高测量

5.6.1　悬高测量的测量原理

测量过程中,常有测量人员不能到达的悬空点(如输电线)无法安置棱镜,这时可以在该悬空点的下方安置棱镜,间接地测量悬空点的高程,这就是悬空测量的方法,如图 5.15 所示。

建筑工程测量（第3版）

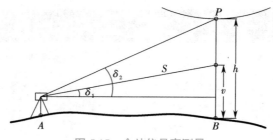

图 5.15　全站仪悬高测量

A 为测站点，P 为待测点（无法安置棱镜），B 为 P 点下方铅垂线上的点（可安置棱镜），现要求出 B 点与 P 点的高差 h，公式为

$$h = S\cos\delta_1\tan\delta_2 - S\sin\delta_1 + v \tag{5.2}$$

式中　S——测量出的仪器至棱镜的斜距；

δ_1——测量出的仪器至棱镜的倾角；

δ_2——仪器至待测点 P 的倾角；

v——棱镜高。

求出高差 h 之后，如果知道 B 点的高程，就可以求出 P 点的高差。

5.6.2　操作步骤

悬高测量在全站仪上的操作步骤如下。

地面悬高用于计算目标点到参考点的距离，无需填写目标高。

①用户进入【悬高测量】，选中"参考点悬高"。照准棱镜点 P，点击【测量】，获得角度和测距信息。然后点击【下一步】，如图 5.16。

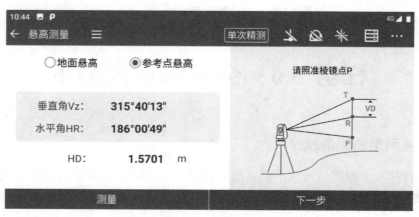

图 5.16　全站仪悬高测量 P 点

②照准参考点 R，软件实时计算出参考高差，点击【下一步】，如图 5.17。

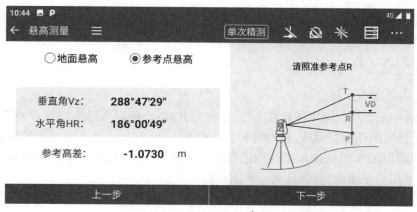

图 5.17　全站仪悬高测量计算 R 点

③照准目标点 T，软件实时计算出悬高值，如图 5.18。

图 5.18　全站仪悬高测量计算 T 点

【上一步】：返回上一步，可查看上一步测量信息。

【完成】：重新开始悬高测量。

任务 5.7　全站仪面积测量

5.7.1　面积测量的测量原理

全站仪面积测量的原理是：通过观测多边形各顶点的水平角、竖直角及斜距，从而由全站仪自动计算出各顶点在测站坐标系的坐标(x_i, y_i)，再按坐标解析法面积计算公式(5.3)计算出面积，并显示到屏幕上。

$$P = \frac{1}{2} \sum_{i=1}^{n} x_i (y_{i+1} - y_{i-1})$$

$$P = \frac{1}{2} \sum_{i=1}^{n} y_i (x_{i-1} - x_{i+1})$$

（5.3）

式中：x_i、y_i 为各顶点坐标。

如图 5.19 所示，1234 为任意四边形，欲测量其面积，可以在适当位置 O 点安置全站仪，在全站仪上选定面积测量模式，按顺时针方向分别在 1、2、3、4 点上立反射棱镜，进行观测。观测完毕仪器就能实时地显示出该四边形的面积值。测量时，有三个点即可求出图形的面积，以后每增加一个顶点，就会显示一个面积值。

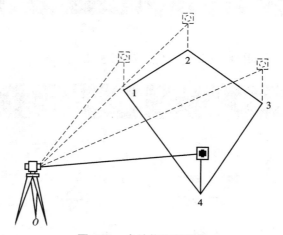

图 5.19　全站仪面积测量

5.7.2　操作步骤

用全站仪进行面积测量的操作步骤如下。

①在适当位置安置全站仪。

②点击【基本测量】--【坐标测量】或【采集程序】--【坐标测量】，进入坐标测量界面。

③望远镜照准 P_1 点的棱镜，按键测量。

④准 P_2 点的棱镜，再按键测量。

⑤准 P_3 点的棱镜，再按键测量，当测量了 3 个点及以上时，这些点包围成的图形面积被计算，并显示在屏幕上。

⑥再测量 P_4、P_5 点……

课后思考 📍

1. 全站仪有哪些常见的测量功能？

2. 请叙述用中海达全站仪进行角度测量的操作步骤。

3. 请叙述用中海达全站仪进行距离测量和高差测量的操作步骤。

4. 请叙述用中海达全站仪进行坐标测量的操作步骤。

5. 请叙述用中海达全站仪进行悬高测量的操作步骤。

6. 请叙述用中海达全站仪进行面积测量的操作步骤。

7. 全站仪测得的边长都要加哪些改正数?

项目 6

测量误差

本项目主要介绍测量误差产生的原因、测量误差的分类、观测值的精度评定标准。

学习目标 📍

知识目标:了解测量误差产生的原因及误差分类;掌握观测值的精度评定标准;了解如何评定观测值的精度。

技能目标:掌握误差的分类方法和消除或减少误差的方法;能对观测值进行精度评定。

素养目标:①培养不畏艰辛、吃苦耐劳的测绘精神;②注重养成认真细致、精益求精的工作作风;③逐步培养沟通交流的习惯、分工协作的团队意识。

关键内容 📍

重点:测量误差产生的原因、测量误差的分类、观测值的精度评定标准。

难点:对观测值进行精度评定。

任务 6.1　误差的概念和分类

6.1.1　测量误差产生的原因

测量工作的实践表明,对某一客观存在的量,如地面某两点之间的距离或高差、某三点之间构成的水平角,尽管采用的是合格的测量仪器和合理的观测方法,测量人员的工作态度也是认真负责的,但是多次重复测量的结果总有差异。这说明观测值中存在测量误差,测量误差是不可避免的。产生测量误差的原因,概括起来有以下三个方面。

课程思政:北斗卫星导航系统

6.1 水准测量的误差及注意事项

1. 仪器的原因

测量工作是需要用测量仪器进行的,每一种测量仪器具有一定的精确度,因此,测量结果受到一定影响。DJ6 级经纬仪,它的水平度盘分划误差可能达到 3″,所测的水平角会产生误差。另外,仪器结构的不完善,如水准仪的视准轴不平行于水准管轴,也会使观测的高差产生误差。

2. 人为的原因

观测者的感觉器官的鉴别能力存在局限性,对中、整平、瞄准、读数等操作都会产生误

差。厘米分划的水准尺上,由观测者估读毫米数,则厘米以下的数值是估读的,估读时1 mm以下的误差是完全有可能产生的。观测者技术熟练程度也会给观测成果带来不同程度的影响。

3. 环境的影响

测量工作进行时所处的外界环境中的空气温度、风力、日光照射、大气折光、烟雾等客观情况时刻在变化,使测量结果产生误差。湿度变化使钢尺产生伸缩,风吹使仪器的安置不稳定,大气折光使望远镜的瞄准产生偏差等。

人、仪器和环境是测量工作得以进行的必要条件,这些观测条件都有其本身的局限性和对测量的不利因素,测量成果中的误差是不可避免的。观测条件相同的各次观测称为"等精度观测",观测条件不相同和各次观测称为"不等精度观测"。

6.1.2 测量误差的定义和分类

测量误差是指在一定观测条件下,观测值与真值之间的差值。根据测量误差对测量成果的影响性质,可将误差分为系统误差、偶然误差和粗差三种。

1. 系统误差

相同观测条件下,对某量进行一系列观测,如果观测误差在数值大小和符号上保持不变,或按一定的规律变化,这种误差称为系统误差。例如,一根名义长为30 m的钢尺与标准尺相比较,实际长度为30.005 m,使用该钢尺丈量一整尺的距离,就会产生0.005 m的误差,丈量的距离越长,产生的误差就越大,且保持同一符号。又如,水准仪的视准轴与水准管轴不平行造成的误差随着距离的增加而增大。

系统误差具有明显的累积性,对观测值的准确度影响较大。但这种误差有一定的规律可循,可以通过一定的方法予以处理,以消除或减少它对测量成果的影响。处理的方法通常有以下三种。

①检校仪器,把仪器的系统误差降到最低程度。

②求改正数,对观测成果进行必要的改正。例如量距前先对钢尺进行比长鉴定,求出尺长改正,然后对量得的距离进行尺长改正。

③对称观测,使系统误差对观测成果的影响互为相反数,以便在成果计算中自行消除或削弱。例如,在水准测量中采用中间法、测角过程中采用盘左盘右观测等都是利用对称观测来达到削弱系统误差的目的。

2. 偶然误差

相同观测条件下,对某量进行一系列观测,如果误差在数值大小和符号上都不一致,表面上看不出任何规律性,这种误差称为偶然误差。例如,水准测量中,在水准尺上估读毫米数,有时偏大有时偏小;测水平角瞄准目标时,有时偏左、有时偏右。这种误差都属于偶然误差。偶然误差只有通过多次观测,取其平均值来减少。

3. 粗差

粗差是指在一定观测条件下超过规定限差值的误差。对于粗差,应当分析原因,并进行补测加以消除。

6.1.3　偶然误差的统计特性

测量误差理论主要讨论有偶然误差的一系列观测值中如何求得最可靠的结果和评定观测成果的精度。为此,需要对偶然误差的性质作进一步讨论。

设某一量的真值为 X,对此量进行 n 次观测,得到的观测值为 l_1, l_2, $\cdots$, l_n,每次观测中产生的偶然误差(又称"真误差")为 $\Delta_1, \Delta_2, \cdots, \Delta_n$,则定义

$$\Delta_i = X - l_i \quad (i=1, 2, \cdots, n) \tag{6.1}$$

从单个偶然误差来看,符号的正负和数值的大小没有任何规律性。如果观测的次数很多,观察其大量的偶然误差,就能发现隐藏在偶然性下面的必然规律。进行统计的数量越大,规律性越明显。下面,结合某观测实例,用统计方法进行分析。

在某一测区,在相同的观测条件下共观测了 358 个三角形的全部内角。每个三角形内角之和的真值(180°)为已知值,按(6.1)式计算每个三角形内角之和的偶然误差 Δ_i(三角形闭合差)。将它们分为负误差、正误差和误差绝对值,按绝对值由小到大排列。以误差区间 $d\Delta=3''$ 进行误差个数 k 的统计,计算其相对个数 k/n(n=358),k/n 称为误差出现的频率。偶然误差的统计见表 6.1。

表 6.1　偶然误差的统计

误差区间 dΔ($''$)	负　误　差		正　误　差		误差绝对值	
	k	k/n	k	k/n	k	k/n
0~3	45	0.126	46	0.128	91	0.254
3~6	40	0.112	41	0.115	81	0.226
6~9	33	0.092	33	0.092	66	0.184
9~12	23	0.064	21	0.059	44	0.123
12~15	17	0.047	16	0.045	33	0.092
15~18	13	0.036	13	0.036	26	0.073
18~21	6	0.017	5	0.014	11	0.031
21~24	4	0.011	2	0.006	6	0.017
24 以上	0	0	0	0	0	0
Σ	181	0.505	177	0.495	358	1.000

为了直观地表示偶然误差的正负和大小的分布情况,可以按表 6.1 的数据作图,如图 6.1 所示。以横坐标表示误差的正负和大小,以纵坐标表示误差出现于各区间的频率(k/n)除以区间($d\Delta$),每一区间按纵坐标做成矩形小条,每一小条的面积代表误差出现于该区间的频率,各小条的面积总和等于 1。该图在统计学上称为"频率直方图"。从表 6.1 的统计中,可以归纳出偶然误差的统计特性如下。

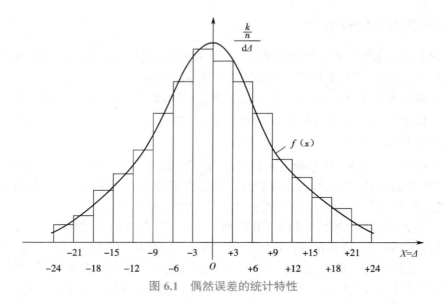

图 6.1　偶然误差的统计特性

①一定观测条件下的有限次观测中,偶然误差的绝对值不会超过一定的限值。

②绝对值较小的误差出现的频率大,绝对值较大的误差出现的频率小。

③绝对值相等的正、负误差具有大致相等的频率。

④当观测次数无限增大时,偶然误差的理论平均值趋于零,即偶然误差具有抵偿性。用公式表示为

$$\lim_{n \to \infty} \frac{\varDelta_1 + \varDelta_2 + \cdots + \varDelta_n}{n} = \lim_{n \to \infty} \frac{[\varDelta]}{n} = 0 \tag{6.2}$$

式中:"[　]"表示取括号中数值的代数和。

以上根据 358 个三角形角度观测值的闭合差做出的误差出现频率直方图的基本图形,表现为中间高、两边低并向横轴逐渐逼近的对称图形,并不是一种特例,而是统计偶然误差时出现的普遍规律,并且可以用数学公式表示。

若误差的个数无限增大($n \to \infty$),同时又无限缩小误差的区间 $\mathrm{d}\varDelta$,图 6.1 中各小长条的顶边的折线逐渐成为一条光滑的曲线。该曲线在概率论中称为正态分布曲线,它完整地表示了偶然误差出现的概率 P。当 $n \to \infty$ 时,上述误差区间内误差出现的频率趋于稳定,成为误差出现概率。

正态分布曲线的数学方程式为

$$y = f(\varDelta) = \frac{1}{\sqrt{2\pi}\sigma} \mathrm{e}^{-\frac{\varDelta^2}{2\sigma^2}} \tag{6.3}$$

式中,$\pi = 3.141\,592\,653$,为圆周率;$\mathrm{e} = 2.718\,3$,为自然对数的底;σ 为标准差,标准差的平方 σ^2 为方差。方差为偶然误差平方的理论平均值

$$\sigma^2 = \lim_{n \to \infty} \frac{\varDelta_1^2 + \varDelta_2^2 + \cdots + \varDelta_n^2}{n} = \lim_{n \to \infty} \frac{[\varDelta^2]}{n} \tag{6.4}$$

标准差为 $\sigma = \pm \lim\limits_{n \to \infty} \sqrt{\dfrac{[\Delta^2]}{n}} = \pm \lim\limits_{n \to \infty} \sqrt{\dfrac{[\Delta\Delta]}{n}}$ 　　　　（6.5）

由上式可知,标准差的大小取决于在一定条件下偶然误差出现的绝对值的大小。由于计算标准差时取各个偶然误差的平方和,出现有较大绝对值的偶然误差时,标准差的数值大小中会得到明显的反应。

任务 6.2　衡量精度的指标

6.2.1　中误差

在相同的观测条件下,对一个未知量进行 n 次观测,观测值分别为 $l_1, l_2, \cdots, l_n$,相应的真误差为 $\Delta_1, \Delta_2, \cdots, \Delta_n$,则中误差为

$$m = \pm\sqrt{\frac{[\Delta\Delta]}{n}}$$ 　　　　（6.6）

式中 $[\Delta\Delta] = \Delta_1^2 + \Delta_2^2 + \cdots + \Delta_n^2$

从式（6.6）可以看出,中误差不等于真误差,它仅是一组真误差的代表值。按式（6.6）计算的中误差,约有 70% 的置信度代表着误差列的取值范围和观测列的离散程度。因此,用中误差作为评定精度的标准是科学的。中误差越小,精度越高;反之,精度越低。同时,还能够明显地反映出测量结果中较大误差的影响。

为了统一衡量一定观测条件下观测结果的精度,取标准差 σ 作为依据是比较合适的。实际测量工作中,不可能对某一量作无穷多次观测,因此,定义按有限的几次观测的偶然误差求得的标准差为中误差 m,即

$$m = \pm\sqrt{\frac{\Delta_1^2 + \Delta_2^2 + \cdots + \Delta_n^2}{n}}$$ 　　　　（6.7）

例如,对 10 个三角形的内角进行两组观测,根据两组观测值中的偶然误差（三角形的角度闭合差——真误差）,分别计算其中误差,列于表 6.2 中。

表 6.2　中误差计算表

次序	第 一 组 观 测			第 二 组 观 测		
	观测值 L	真误差 $\Delta('')$	Δ^2	观测值 L	真误差 $\Delta('')$	Δ^2
1	180° 00′03″	−3	9	180° 00′00″	0	0
2	180° 00′02″	−2	4	179° 59′59″	+1	1
3	179° 59′58″	+2	4	180° 00′07″	−7	49
4	179° 59′56″	+4	16	180° 00′02″	−2	4
5	180° 00′01″	−1	1	180° 00′01″	−1	1

续表

次序	第 一 组 观 测			第 二 组 观 测		
	观测值 L	真误差 $\Delta('')$	Δ^2	观测值 L	真误差 $\Delta('')$	Δ^2
6	180° 00′00″	0	0	179° 59′59″	+1	1
7	180° 00′04″	−4	16	179° 59′52″	+8	64
8	179° 59′58″	+3	9	180° 00′00″	0	0
9	179° 59′58″	+2	4	179° 59′57″	+3	9
10	180° 00′03″	−3	9	180° 00′01″	−1	1
Σ		24	72		24	130
中误差	$m_1 = \pm\sqrt{\dfrac{\sum \Delta^2}{10}} = \pm 2.7''$			$m_2 = \pm\sqrt{\dfrac{\sum \Delta^2}{10}} = \pm 3.6''$		

由此可见,第二组观测值的中误差 m_2 大于第一组观测值中误差 m_1。虽然这两组观测值的误差绝对值之和是相等的,可是在第二组观测值中出现了较大的误差(−7″, +8″),因此,计算出来的中误差较大,相对来说精度较低。

6.2.2 相对中误差

某些情况下,仅仅知道中误差还不能够完全反映出观测值精度的高低。例如,丈量了两段距离,一段距离为 100 m,中误差 m_1 为 ±2 cm,另一段距离为 200 m,中误差 m_2 也为 ±2 cm。虽然两段距离的中误差相等,但不能说明两段距离丈量的精度相同,因为距离丈量的误差与距离的长短有关。为此,引入相对中误差作为评定精度的另一种标准。中误差的绝对值与观测值之比,并将分子化为 1,分母取整数,称为相对中误差,即

$$K = \frac{|m|}{D} = \frac{1}{\dfrac{D}{|m|}} \tag{6.8}$$

上例中,如按相对中误差来评定精度,则

$$K_1 = \frac{0.02}{100} = \frac{1}{5\ 000}$$

$$K_2 = \frac{0.02}{200} = \frac{1}{10\ 000}$$

$K_1 > K_2$,表明前者的精度低于后者,所以说相对误差能够确切表达距离丈量的精度。相对中误差不能用于评定测角的精度,因为角度误差与角度大小无关。

一般距离丈量中,为了计算方便,通常用往返各丈量一次,取往返丈量之差与往返丈量的距离平均值之比,将分子化为 1,分母取整数来评定距离丈量的精度,称为相对误差。

对于真误差与极限误差,有时也用相对误差来表示。例如,经纬仪导线测量时,规范中所规定的相对闭合差不能超过 1/2 000,它就是相对极限误差;而在实测中所产生的相对闭合差,则是相对真误差。

与相对误差相对应,真误差、中误差、极限误差均称为绝对误差。

6.2.3 极限误差

极限误差又称为允许误差,或最大误差。由偶然误差的第一个特性可知,在一定的观测条件下,偶然误差的绝对值不会超过一定的限值,如果在测量过程中某一量的观测值的误差超过了这个限值,我们就认为这次观测值不符合要求,应该舍去。测量上把这个限值叫做极限误差。误差理论和测量实践表明:在一系列等精度的观测误差中,绝对值大于二倍中误差的偶然误差出现的个数约占总数的 5%;绝对值大于三倍中误差的偶然误差出现的个数仅占总数的 3‰。因此,在观测次数不多的情况下,可以认为大于三倍中误差的偶然误差实际上是不可能出现的。所以通常以三倍中误差作为偶然误差的极限误差,即

$$\Delta_{限}=3\ m \tag{6.9}$$

实际工作中,有的测量规范规定以二倍中误差作为极限误差,即

$$\Delta_{限}=2\ m$$

超过极限误差的误差被认为是粗差,应舍去重测。

任务 6.3 算术平均值及其改正值

6.3.1 算术平均值

研究误差的目的除了评定观测精度外,就是对带有误差的观测值给予适当的处理,以求最或然值(最可靠值)。根据偶然误差的特性可取算术平均值作为最或然值。

对某量进行 n 次等精度观测,观测值为 $l_1, l_2, \cdots, l_n$,则该量的算术平均值 x 为

$$x = \frac{l_1 + l_2 + \cdots + l_n}{n} = \frac{[l]}{n} \tag{6.10}$$

下面说明算术平均值为什么是最或然值。

设该量的真值为 X,观测值为 l_i,真误差为

$$\Delta_1 = l_1 - X$$

$$\Delta_2 = l_2 - X$$

$$\cdots$$

$$\Delta_n = l_n - X$$

将上式求和并除以 n,得

$$\frac{[\Delta]}{n} = \frac{[l]}{n} - X$$

由偶然误差第四特性:

$$\lim_{n \to \infty} \frac{[\Delta]}{n} = 0$$

可得: $x \approx X$

由此可知,当观测次数无限增多时算术平均值 x 趋近于真值 X。实际工作中观测次数是有限的,所以算术平均值就不可视为所求量的真值。但是随着观测次数的增加,平均值 x 趋近于真值 X。计算时,不论观测次数的多少均以算术平均值作为所求量的最或然值(接近于真值的值),这是误差理论中的一个公理。

不同精度的观测值不能取算术平均值作为最或然值。

6.3.2 平差值

尽管用算术平均值作为观测值的最或然值,但算术平均值中依然存在偶然误差,例如闭合导线中,每个转角都是根据若干个测回的角值取平均值得来的,但仍然有角度闭合差。闭合水准路线测量中,采用双仪高或双面尺法取平均高差作为测站高差,但整个水准路线中仍存在高差闭合差。为了消除闭合差,使图形的几何条件得以满足,必须对其进行研究,用合理的方法予以解决。按照误差理论,通常采用平差的方法消除闭合差。

用平差的方法消除闭合差主要分两个步骤。

1. 求改正数

外业观测结果经校核符合要求后,可通过求改正数的方法消除不符值(闭合差)。例如闭合导线计算中,因导线转角的误差导致多边形内角和与理论上的应有值[$(n-2)×180°$]存在不符值,如果不符值在规定允许范围内,便可通过求改正数以消除不符值,使之满足理论条件。其改正数为

$$v = -\frac{w}{n} \tag{6.11}$$

式中 v——改正数;

       n——多边形边数;

       w——多边形闭合差。

导线测量中因边长误差引起的坐标增量闭合差也可通过求改正数的方法予以消除。

水准测量中由于各测站的高差误差导致水准路线产生的高差闭合差,同样可通过求改正数的方法消除。

2. 求平差值

求改正数的目的是消除不符值,消除不符值的方法是对观测值加以改正求得平差值(改正值)。

改正后的观测值叫平差值(平差值等于观测值加上改正数)。用平差值进行计算能满足图形的几何条件,达到平差的目的。

例如闭合导线内业计算中,把角度闭合差按转角个数反号平均分配给各个角度,使得改正后的角度(平差值)之和满足多边形内角和条件[$(n-2)×180°$];把坐标增量闭合差按导线边长成正比反号分配给各边的坐标增量,使改正后的坐标增量之和为 0,达到消除闭合差的目的。又如闭合水准路线内业计算中,把高差闭合差按测站数或按路线长度成正比反号分配给各测段高差,使改正后的高差之和等于 0,以满足理论要求。

任务 6.4   观测值的精度评定

6.4.1   用真误差计算观测值的中误差

由式（6.1）可计算出观测值的真误差，根据一组同精度的真误差按式（6.6）可计算出观测值的中误差。

例 6.1   对同一量分组进行 10 次观测，真误差如下。

第一组：$+3''$，$-2''$，$-1''$，$-3''$，$-4''$，$+2''$，$+4''$，$+3''$，$+2''$，$0''$。

第二组：$+1''$，$0''$，$+1''$，$+2''$，$-1''$，$0''$，$-7''$，$-1''$，$-8''$，$+3''$。

按式（6.6）有

$$m_1 = \pm\sqrt{\frac{3^2 + (-2)^2 + (-1)^2 + (-3)^2 + (-4)^2 + 2^2 + 4^2 + 3^2 + 2^2 + 0^2}{10}} = \pm 2.7''$$

$$m_2 = \pm\sqrt{\frac{1^2 + 0^2 + 1^2 + 2^2 + (-1)^2 + 0^2 + (-7)^2 + (-1)^2 + (-8)^2 + 3^2}{10}} = \pm 3.6''$$

$m_1 < m_2$，表示第一组观测值的精度高于第二组。

用 DJ6 级经纬仪对某三角形的三个内角观测了 5 个测回，观测值见表 6.3，试求单一观测值（一测回观测值）的中误差 m。观测值中误差的计算如下表。

表 6.3   观测值中误差计算

测 回 数	观 测 值	Δ	$\Delta\Delta$
1	180° 00′16″	$+16''$	256
2	179° 59′46″	$-14''$	196
3	180° 00′10″	$+10''$	100
4	179° 59′52″	$-8''$	64
5	179° 59′58″	$-2''$	4
总　　和			620

一测回观测值的中误差 $m = \pm\sqrt{\dfrac{[\Delta\Delta]}{n}} = \pm\sqrt{\dfrac{620}{5}} = \pm 11.1''$

6.4.2   用最或然误差计算观测值中误差

1. 观测值中误差

通常情况下，观测值的真值是不知道的，无法根据真误差计算中误差。我们可以根据算术平均值与观测值之差，即最或然误差 $v(v=x-1)$，按下式来计算观测值的中误差，即

$$m = \pm\sqrt{\frac{[vv]}{n-1}} \qquad\qquad (6.13)$$

式(6.12)也称白塞尔公式。

用最或然误差计算观测值中误差的步骤如下。

①检查外业观测记录,将观测值填入计算表格,见表6.3。

②按式(6.10)计算观测值的算术平均值。

③计算最或然误差 v($v=x-1$)并用[v]=0 进行检查。

④将各个最或然误差 v 平方并求和。

⑤按式(6.11)计算观测值的中误差。

例 6.2 对线段 AB 丈量 5 次,结果列于表 6.4 中。试求每次丈量距离的中误差。

表 6.4 观测值中误差计算

观 测 次 数	观 测 值 l(m)	最或然误差 v(mm)	vv
1	121.361	−10	100
2	121.330	+21	441
3	121.344	+7	49
4	121.352	−1	1
5	121.368	−17	289
总　　和	[l]=606.755	[v]=0	[vv]=880

解:为使计算成果清晰,计算的全部数据列于表 6.4 中。

算术平均值　$x = \dfrac{[l]}{n} = \dfrac{606.755}{5} = 121.351 \text{ m}$

观测值中误差　$m = \sqrt{\dfrac{[vv]}{n-1}} = \pm\sqrt{\dfrac{880}{5-1}} = \pm14.8 \text{ mm}$

2. 算术平均值的中误差

根据误差理论得知,算术平均值的中误差为

$$M = \frac{m}{\sqrt{n}} = \pm\sqrt{\frac{[vv]}{n(n-1)}} \qquad\qquad (6.13)$$

根据表 6.4 已经求得观测值的中误差 $m = \pm14.8$ mm,现用式(6.13)计算距离 AB 算术平均值的中误差为

$$M = \frac{m}{\sqrt{n}} = \pm\frac{14.8}{\sqrt{5}} = \pm6.6 \text{ mm}$$

还可求出距离 AB 的算术平均值的相对误差为

$$K = \frac{M}{x} = \frac{0.006\,6}{121.351} \approx \frac{1}{18\,300}$$

从以上计算可以看出,算术平均值的中误差小于观测值的中误差,说明算术平均值的精

度高于任一观测值的精度。从式（6.13）也可看出平均值的中误差 M 比观测值中误差缩小了 $1/\sqrt{n}$ 倍，这表明平均值的精度提高了 $1/\sqrt{n}$ 倍。显然，增加观测次数 n 可以提高观测结果的精度，但是过多的增加观测次数会加大野外观测工作量。观测次数达到 20 次以上后精度提高的幅度很小。仅靠增加观测次数来提高精度是不科学的，提高精度的关键是提高每次观测的质量。

课后思考

1. 偶然误差与系统误差有何区别？偶然误差有哪些统计特性？

2. 下列误差中哪些是偶然误差？哪些是系统误差？哪些是粗差？

a. 尺长误差；b. 定线误差；c. 读数误差；d. 标尺倾斜引起的读数误差；e. 水准管居中误差；f. 水准管轴不垂直于仪器竖轴的误差；g. 照准误差；h. 对中误差；i. 地球曲率引起的高差误差；j. 计算尺段数的误差。

3. 何为中误差、相对误差和极限误差？

4. 为什么说等精度观测的算术平均值是最或然值？

5. 在相同的观测条件下，观测某角 5 次，得观测值：57° 21′30″，57° 21′48″，57° 21′18″，57° 21′36″，57° 21′18″，试求观测值的算术平均值、观测值中误差及算术平均值中误差。

6. 在相同的观测条件下，某一线段丈量 4 次的结果为：148.132 m，148.150 m，148.118 m，148.144 m。试求算术平均值、算术平均值的中误差及相对误差。

项目 7 控制测量

项目概述

本项目主要介绍坐标方位角、象限角的概念;控制测量的意义;导线的布设方法;测量导线的基本步骤;导线的平差计算方法;GNSS 卫星导航定位测量。

学习目标

知识目标:了解坐标方位角、象限角的概念;掌握导线的布设方法;掌握测量导线的基本步骤;掌握导线的平差计算方法。

技能目标:能正确完成坐标方位角的推算、坐标反算和坐标正算;能布设图根导线;能用全站仪测量导线;能进行导线的简易平差。

素养目标:①培养不畏艰辛、吃苦耐劳的测绘精神;②注重养成认真细致、精益求精的工作作风;③逐步培养沟通交流的习惯、分工协作的团队意识。

关键内容

重点:坐标方位角、象限角的概念;导线的布设方法;测量导线的基本步骤;导线的平差计算方法。

难点:导线的平差计算方法、GNSS 卫星导航定位测量。

任务 7.1　控制测量概述

控制测量就是在测区范围内布设少量大致均匀分布的点(称为控制点),将其连成一定的几何图形(称为控制网),用高精度的测量仪器和方法测定这些控制点的精确位置,包括平面位置(x,y)和高程 H。无论是测图还是施工放样前,都必须先进行控制测量。只有通过控制测量提供控制点的精确位置,才能以控制点为站点来确定碎部点的位置或放样碎部点。控制测量所提供的控制点有统一的坐标系统和高程系统,其成果具有通用性和共享性,使全国各局部地区的测量工作得以分期分批进行,所测地形图可以相互拼接共同使用。

课程思政:矗立在地球之巅的群雕——英雄的国测一大队

7.1 全站仪导线测量 1

控制测量是针对碎部测量而言的,测图时先测定地物、地貌特征点的平面坐标和高程,以此确定地物、地貌的空间分布和相互关系;测定地物、地貌特征点位置的测量工作称为碎部测量。建设工程中,放样碎部点前所做的控制测量工作称为施工控制测量。

控制测量在国民经济建设中具有重要作用,它为地学研究、空间探索以及工程建设提供控制基础。

控制测量分为平面控制测量和高程控制测量。平面控制测量的任务是在某地区或全国范围内布设平面控制网,精密测定控制点的平面位置。高程控制测量的任务是在某地区或全国范围内布设高程控制网,精密测定点的高程。

7.1.1 平面控制测量

控制测量的基本原则是:由高级到低级,从整体到局部,逐级控制。国家平面控制测量分为一、二、三、四等4个等级。我国国家平面控制网使用三角网的建网方法,首先建立一等天文大地锁网,在全国范围内大致沿经线和纬线方向布设成格网式(如图7.1所示),格网间距约200 km。格网中部用二等连续网填充(如图7.2所示),构成全国范围内的全面控制网。然后,按地区需要测绘资料的轻重缓急,再用三、四等网逐步进行加密,其布网形式有三角网、导线网。三角网以三角形为基本图形(如图7.3所示),导线网以多边形格网(如图7.4所示)、附合或闭合线路为基本图形。

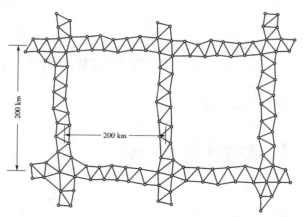

图 7.1　国家一等天文大地锁网图

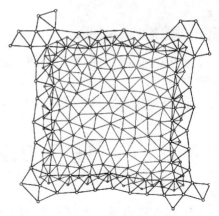

图 7.2　国家二等加密网图

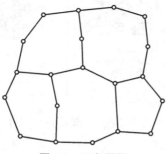

图 7.3　三角网图

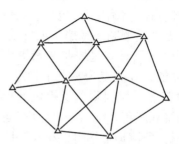

图 7.4　导线网

20世纪90年代,我国利用GPS卫星定位技术,建立了国家级的GPS控制网,为各级测绘工作提供高精度的三维基准。

　　我国幅员辽阔,行业众多,各行业为了本身的工业规划、勘测设计、工程建设、工程营运管理等方面工作的开展,都需要测绘大比例尺地形图,为此,需要先布设控制网。在国家网的控制下,工程测量平面控制网的建立方法有卫星定位测量、导线测量、三角网测量。精度等级的划分各不相同,卫星定位测量控制网依次为二、三、四等和一、二级,导线及导线网依次为三、四等和一、二、三级,三角网依次为二、三、四等和一、二级。最后再布设直接为测绘大比例尺地形图服务的图根控制网。图根控制网可采用图根导线、极坐标法、边角交会法和GPS 测量等。

　　按照我国《工程测量规范》的规定,平面控制测量的主要技术要求见表 7.1~表 7.3。

表 7.1　卫星定位测量控制网的主要技术要求

等级	平均边长（km）	固定误差（mm）	比例误差系数 B（mm/km）	约束点间的边长相对中误差	约束平差后最弱边相对中误差
二等	9	≤10	≤2	≤1/250 000	≤1/120 000
三等	4.5	≤10	≤5	≤1/150 000	≤1/70 000
四等	2	≤10	≤10	≤1/100 000	≤1/40 000
一级	1	≤10	≤20	≤1/40 000	≤1/20 000
二级	0.5	≤10	≤40	≤1/20 000	≤1/10 000

表 7.2　导线的主要技术要求

等级	导线长度（km）	平均边长（km）	测角中误差（″）	测距中误差（mm）	测距相对中误差	测回数			方位角闭合差（″）	导线全长相对中误差
						1″级仪器	2″级仪器	6″级仪器		
三等	14	3	1.8	20	1/150 000	6	10	—	$3.6\sqrt{n}$	≤1/55 000
四等	9	1.5	2.5	18	1/80 000	4	6	—	$5\sqrt{n}$	≤1/35 000
一级	4	0.5	5	15	1/30 000	—	2	4	$10\sqrt{n}$	≤1/15 000
二级	2.4	0.25	8	15	1/14 000	—	1	3	$16\sqrt{n}$	≤1/10 000
三级	1.2	0.1	12	15	1/7 000	—	1	2	$24\sqrt{n}$	≤1/5 000

注:①表中 n 为测站数;
　②当测区测图的最大比例尺为 1∶1 000 时,一、二、三级导线的导线长度、平均边长可适当放长,但最大长度不应大于表中规定相应长度的 2 倍。

表 7.3　图根导线测量的主要技术要求

导线长度（m）	相对闭合差	测角中误差（″）		方位角闭合差	
		一般	首级控制	一般	首级控制
≤$\alpha \times M$	≤1/（2 000×α）	30	20	$60\sqrt{n}$	$40\sqrt{n}$

注:① α 为比例系数,取值宜为 1,当采用 1∶500、1∶1 000 比例尺测图时,其值可在 1~2 之间选用;
　② M 为测图比例尺的分母,但对于工矿现状图测量,不论测图比例尺大小,M 均取值为 500;
　③隐蔽或施测困难地区导线相对闭合差可放宽,但不应大于 1/（1 000×α）。

7.1.2 高程控制测量

国家高程控制测量也分成一、二、三、四等4个等级。高程控制网的建立主要用水准测量的方法,布设的原则类似于平面控制网,也是由高级到低级、从整体到局部。国家水准测量分为一、二、三、四等。一、二等水准测量称为精密水准测量,在全国范围内沿主要干道、河流等整体布设,然后用三、四等水准测量进行加密,作为全国各地的高程控制。

工程建设中高程控制测量的方法有水准测量、三角高程测量、GPS高程测量。工程测量中高程控制测量按精度等级划分为二、三、四、五等,二、三等宜采用水准测量,四等及以下等级可采用电磁波测距三角高程测量,五等也可采用GPS拟合高程测量。

工程测量中二、三、四、五等水准测量的主要技术要求见表7.4。

表7.4 水准测量的主要技术要求

等级	每公里高差中误差（mm）	路线长度（km）	水准仪型号	水准尺	观测次数		附合路线或环线闭合差	
					与已知点联测	附合或环线	平地（mm）	山地（mm）
二等	±2	—	DS1	因瓦	往返各一次	往返各一次	±4$\sqrt{L}$	—
三等	±6	≤50	DS1	因瓦	往返各一次	往一次	±12$\sqrt{L}$	4$\sqrt{n}$
			DS3	双面		往返各一次		
四等	±10	≤16	DS3	双面	往返各一次	往一次	±20$\sqrt{L}$	6$\sqrt{n}$
五等	±15	—	DS3	单面	往返各一次	往一次	±30$\sqrt{L}$	—

随着光电测距仪及电子全站仪的普及使用,三角高程测量可代替四等水准测量。电磁波测距三角高程测量的主要技术要求见表7.5。

表7.5 电磁波测距三角高程测量的主要技术要求

等级	每公里高差全中误差（mm）	边长（km）	观测方式	对向观测高差较差（mm）	附合或环线闭合差（mm）
四等	10	≤1	对向观测	40$\sqrt{D}$	20$\sqrt{\sum D}$
五等	15	≤1	对向观测	60$\sqrt{D}$	30$\sqrt{\sum D}$

注:① D 为测距边的长度(km);
②起讫点的精度等级,四等应起讫于不低于三等水准的高程点上,五等应起讫于不低于四等的高程点上;
③路线长度不应超过相应等级水准路线的长度限值。

任务 7.2　坐标正算与坐标反算

7.2.1　直线坐标方位角的计算

1. 直线的坐标方位角

测量工作中,要将地面的地物、地貌等内容的位置确定下来,其实就是确定点与点之间的相对位置关系,而要确定其相对位置关系,除需测定两点之间的距离外,还必须确定两点所连直线的方向。确定直线方向的工作称为直线定向。

如图 7.5 所示,要确定直线 AB 的方向,首先要选定一个标准方向线,作为确定直线方向的依据和标准,然后再根据该直线与标准方向线之间的夹角来确定其方向。确定一条直线与标准方向之间的夹角关系称为直线定向。工程测量中,通常以坐标方位角来定义直线的方向。

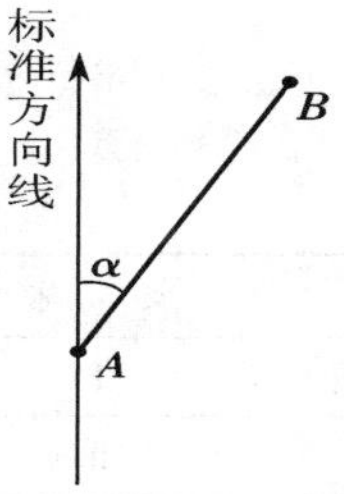

如图 7.6 所示,直线 1-2,点 1 是起点,点 2 是终点。则 α_{12} 为正方位角,α_{21} 为反方位角。

$$\alpha_{21} = \alpha_{12} \pm 180°$$

直线 2-1,点 2 是起点,点 1 是终点。则 α_{21} 为正方位角,α_{12} 反方位角。

$$\alpha_{12} = \alpha_{21} \pm 180°$$

一条直线的正、反坐标方位角互差 180°。

$$\alpha_{反} = \alpha_{正} \pm 180° \tag{7.1}$$

图 7.5　直线定向

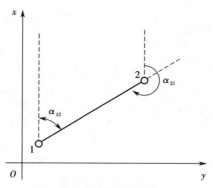

图 7.6　直线的坐标方位角

2. 直线的象限角

确定直线方向的方法除直线的方位角以外,有时也用小于 90° 的角度(象限角)确定。从标准方向的北端或南端顺时针或逆时针旋转至某直线的水平锐角(0°~90°),称为该直线的象限角,用符号 R 表示,如图 7.7 所示。象限角和坐标方位角的关系列于表 7.6 中。

建筑工程测量(第3版)

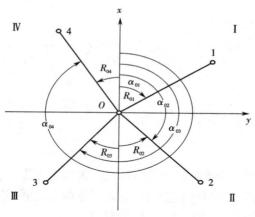

图 7.7　直线的象限角

表 7.6　方位角和象限角的关系

象　　限	关　　系	象　　限	关　　系
I	$\alpha = R$	III	$\alpha = 180° + R$
II	$\alpha = 180° - R$	IV	$\alpha = 360° - R$

3. 坐标方位角的计算

　　测量工作中不是每一条直线的方位角都是通过天文测量的方法或陀螺仪测定的,而是在测定了直线与已知方位角边之间的夹角关系后通过计算得到的。如图 7.8 所示,α_{12} 已知,通过连测求得 12 边与 23 边的连接角 β_2(右角)、23 边与 34 边的连接角 β_3(左角),现推算 α_{23}、α_{34}。

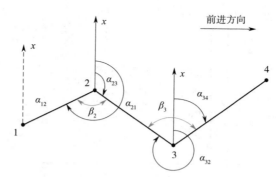

图 7.8　方位角推算

　　若 β 角位于推算路线前进方向的左侧,称为左角;

　　若 β 角位于推算路线前进方向的右侧,称为右角。

$$\alpha_{23} = \alpha_{21} - \beta_2 = \alpha_{12} - \beta_2 + 180° \tag{7.2}$$

$$\alpha_{34} = \alpha_{32} + \beta_3 - 360° = \alpha_{23} + \beta_3 - 180° \tag{7.3}$$

$$\alpha_{34} = \alpha_{12} - \beta_2 + \beta_3 \tag{7.4}$$

推算坐标方位角的通用公式为

$$\alpha_{前} = \alpha_{后} \pm \beta_{右}^{左} \pm 180° \tag{7.5}$$

式(7.5)可理解为:前一条已知边的方位角等于后一条边的方位角加上前后两条边的左夹角或减去前后两条边的右夹角,再加(或减)180°,前两项之和大于 180 时就减 180°,前两项之和小于 180° 就加 180°。

7.2.2　直线坐标方位角的计算

1. 坐标正算

已知一条直线一个端点的平面坐标、直线的长度和方位角的情况下,求直线另一端点的平面坐标所进行的计算称为坐标正算。这种计算又称为极坐标化为直角坐标的计算,如图 7.9 所示。

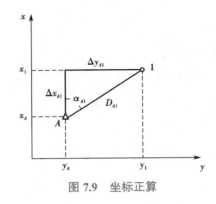

图 7.9　坐标正算

已知 A 点坐标 (x_A, y_A)、线段 $A1$ 的长度 D_{A1} 和坐标方位角 α_{A1},求未知点 1 的坐标 (x_1, y_1),按下式可求得:

$$\left. \begin{array}{l} x_1 = x_A + \Delta x_{A1} \\ y_1 = y_A + \Delta y_{A1} \end{array} \right\} \tag{7.6}$$

式中,Δx_{A1} 称为纵坐标增量、Δy_{A1} 称为横坐标增量,它们可由下式计算

$$\left. \begin{array}{l} \Delta x_{A1} = D_{A1} \cos \alpha_{A1} \\ \Delta y_{A1} = D_{A1} \sin \alpha_{A1} \end{array} \right\} \tag{7.7}$$

式(7.7)也可表达成如下形式:

$$\left. \begin{array}{l} x_1 = x_A + D_{A1} \cos \alpha_{A1} \\ y_1 = y_A + D_{A1} \sin \alpha_{A1} \end{array} \right\} \tag{7.8}$$

2. 坐标反算

根据线段两个端点的平面坐标,求两点间的水平距离和坐标方位角所进行的计算称为坐标反算。这种计算又称为直角坐标化为极坐标的计算。

（1）水平距离

如图 7.10 所示，已知 A、B 两点的平面坐标 (x_A, y_A)、(x_B, y_B)。从解析几何中知道，两点间的水平距离 D_{AB} 可用距离公式求得

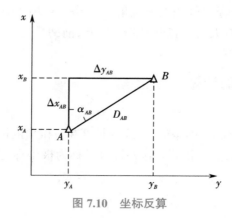

图 7.10　坐标反算

$$D_{AB} = \sqrt{(x_B - x_A)^2 + (y_B - y_A)^2} \tag{7.9}$$

式（7.7）演变后，可有如下计算水平距离的公式

$$D_{AB} = \frac{\Delta x_{AB}}{\cos \alpha_{AB}} = \frac{\Delta y_{AB}}{\sin \alpha_{AB}} \tag{7.10}$$

（2）坐标方位角

图 7.10 可见，坐标象限角与坐标增量间有如下关系

$$\begin{cases} \Delta x_{AB} = x_B - x_A \\ \Delta y_{AB} = y_B - y_A \end{cases}$$

$$R_{AB} = \arctan \left| \frac{\Delta y_{AB}}{\Delta x_{AB}} \right| \tag{7.11}$$

根据 AB 边的坐标增量判断出 AB 方向所在的象限，然后根据表 7.6 中的方位角与象限角的关系，计算出方位角值。

例 7.1　已知 A、B 两点的坐标为 $\begin{cases} x_A = 853.764 \text{ m} \\ y_A = 245.678 \text{ m} \end{cases}$，$\begin{cases} x_B = 483.696 \text{ m} \\ y_B = 586.658 \text{ m} \end{cases}$，求 A、B 两点间的水平距离和坐标方位角。

解： $D_{AB} = \sqrt{(483.696 - 853.764)^2 + (586.658 - 245.678)^2} = 503.207 \text{ m}$

AB 的象限角为：$R_{AB} = \arctan \left| \dfrac{\Delta y_{AB}}{\Delta x_{AB}} \right| = \arctan \left| \dfrac{340.980}{-370.068} \right| = 42°39'26.7''$

AB 的坐标增量 $\Delta x_{AB} < 0$，$\Delta y_{AB} > 0$，AB 方向在第 Ⅱ 象限，故有

$$\alpha_{AB} = 180° - R_{AB} = 137°20'33.3''$$

任务 **7.3** 全站仪导线测量

7.3.1 导线的种类

随着光电测距技术在测绘领域的广泛应用,导线测量已经成为建立平面控制网的主要方法之一。导线就是由选定的若干个地面点,用直线连接相邻点成折线图形,每条直线叫导线边,点叫导线点。在导线点上,用仪器(经纬仪或全站仪)测定各转折角及各边边长,然后根据已知方向和已知点坐标,可推算出各导线点的平面坐标。使用全站仪进行测角量边的导线称为全站仪导线。

导线测量需要相邻导线点间互相通视,其形式灵活,适用于建筑物密集的城镇、工矿和森林隐蔽地区,也适用于狭长地带(公路、铁路、隧道等)的测量控制。

单一导线通常可以布设成下面三种形式。

1. 闭合导线

闭合导线如图 7.11 所示。A、B 为高级已知坐标点,从已知控制点 B 出发,经过选定的一系列导线点后,仍旧回到起始高级已知点上,形成一闭合的多边形,这样的导线布设形式叫闭合导线。从闭合导线的图形来看,因其起、闭于一点,几何条件上内角和等于 $(n-2) \times 180°$,故这种导线从坐标和观测角上都具有一定的检核条件,是一种较常应用的导线形式。

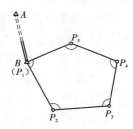

图 7.11 闭合导线

2. 附合导线

附合导线如图 7.12 所示。在高级已知点 A、B、C、D 之间布设 P_2、P_3、P_4 点,以 AB 边的坐标方位角 α_{AB} 为起始边方位角,CD 边的坐标方位角 α_{CD} 为最终边方位角,起始边坐标方位角和最终边坐标方位角均为已知,即选定的未知点两端均有已知点和已知边控制的导线称为附合导线。这种导线,不仅有检核条件(坐标条件和方位角条件),而且最弱点位于导线中部,两端已知点均可控制精度,布设长度相应增大,附合导线在生产中得到广泛应用。

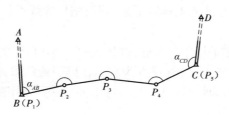

图 7.12 附合导线

在附合导线的两端,如果各只有一个已知高级点,缺少已知方位角,这样的导线称为无定向附合导线(简称无定向导线)。在选定的未知点两端已知点较少的情况下可以采用这

种形式。

3. 支导线

支导线如图 7.13 所示,图中 A、B 为高级已知点。从一个高级已知点 B 和已知方位角边 AB 出发,布设若干待定点,形成自由伸展的折线形状,这种导线形式称为支导线。

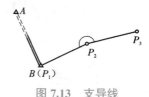

导线观测后,未知点坐标计算所必需的已知数据为:一个已知点的坐标(x_B, y_B)和一条边的已知方位角(α_{AB})。从图 7.13 可见,支导线仅有必要的起算数据,图形既不闭合,也不附合,不具备检核

图 7.13 支导线

条件,生产中应尽量少用,只限于在图根导线和地下工程导线中使用。图根导线支导线未知点的点数一般不超过三个,还应限制支导线长度,并进行往返观测,以便检核。

7.3.2 导线测量的选点和埋石

1. 踏勘选点

踏勘选点前,应到有关部门收集测区已有的测量资料,测区地形图、高级控制点资料等。首先在已有的地形图上标定已知高级控制点的位置和测区范围,再根据测区地形情况和测量的具体要求规划设计好测量路线和导线点位置,然后按照规划路线到实地去踏勘落实导线点的位置。现场踏勘选点时,应注意下列各点。

①相邻导线点间通视良好,便于角度观测和距离测量。

②点位应选在地质坚实易于保存之处。

③点位上视野开阔,便于测绘周围的地物和地貌。

④导线边长应符合表 7.2 的有关规定,导线中不宜出现过长和过短的导线边,尤其要避免由长边立即转到短边的情况。

⑤为了减少大气折光的影响,视线应尽量避开水域、热体等,视线与地表和地物的距离不小于 0.5 m。

⑥安置测距仪的测站应避开受电磁场干扰的地方,离高压线宜大于 5 m;避免测距时的视线背景部分有反光物体。

⑦导线点在测区内布点均匀,便于控制整个测区。

2. 建立标志

导线点位选好以后,要在地面上标定下来,埋设图根导线点位标志的做法有如下几种。

(1)埋设木桩

在泥土地面上,可在点位上打一木桩,桩顶上钉一小钉,作为测量时仪器对中的标志。木桩长度为 30 cm 左右,横断面 4 cm 见方为宜。在碎石或沥青路面上,可以用顶上凿有十字纹的大铁钉代替木桩。作为临时性导线点,打木桩是一种常用的埋设点位标志的做法。

(2)埋设标石

若导线点需要长期保存,则在选定的点位上浇筑混凝土导线点标石,如图 7.14 所示,顶面中心埋设短钢筋,顶端凿字纹,作为导线点位中心的标志。

（3）直接在地面凿点

在混凝土场地或路面上,可以用钢凿凿十字纹,再涂上红漆使标志明显。

导线点应分等级统一编号,便于测量资料的管理。对于闭合导线,习惯于逆时针方向编号,使内角自然成为导线的左角。导线点埋设以后,为了便于在观测和使用时寻找,可以在点位附近房角或电线杆等明显的地物上用红油漆标明指示导线点的位置。对于每一导线点的位置,还应画草图,注明导线点与邻近明显地物的相对位置的距离尺寸,并写上地名、路名、导线点编号等,便于日后寻找。该图称为控制点的"点之记",如图 7.15 所示。

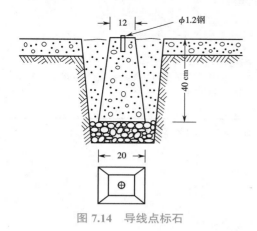

图 7.14 导线点标石

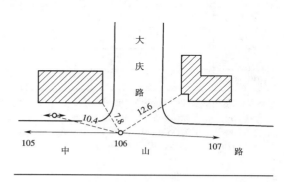

图 7.15 控制点"点之记"

7.3.3 导线水平角测量

水平角是由相邻两条导线边构成的,也就是导线点上的转折角。导线的转折角分为左角和右角,在导线前进方向左侧的水平角称为左角($\beta_{左}$),右侧的水平角称为右角($\beta_{右}$)。导线水平角观测时,左角和右角并无差别,仅仅是计算上的差别,因为

$$\beta_{左} + \beta_{右} = 360°$$ （7.12）

导线测量过程中,水平角用经检验校正过的全站仪或经纬仪进行观测。当测站上只有两个方向时,采用测回法观测,当测站上有三个以上方向时,采用方向法观测。不同等级导线,测回数不同,测回间须改变水平度盘位置,以减少度盘刻划误差的影响。第一测回水平度盘位置习惯置于大于 0° 附近,从第二测回起,每次增加 $\frac{180°}{n}$,n 为测回数。

观测前应严格对中整平,观测过程中应注意照准部的长水准器气泡偏移情况,当气泡偏离中心超过一格时,表示仪器竖轴倾斜,这时应停止观测,重新整平仪器,重新观测该测回。观测时,应仔细瞄准目标的几何中心线,尽量照准目标底部,以减少照准误差和觇标对中误差的影响,读数时要仔细果断,记录时要回报,以防听错、记错,记录一定要现场进行,并记在手簿上,严禁追记、补记和涂改记录,以保证记录的真实性和可靠性。

各级导线测量使用仪器的等级、测回数、测角中误差等技术要求见表 7.2 和表 7.3 中的规定,测量超限应重测。

7.3.4 导线边长测量

1. 检测全站仪

导线边长应采用全站仪进行光电测距,测距前应进行检测。全站仪导线边长测量的技术要求见表 7.7、表 7.8。

表 7.7 测距仪测距的技术要求

控制网等级	测距仪等级	观测次数		总测回数	备 注
		往	返		
四等	Ⅰ	1	1	2	①测回数指照准目标一次读数 4 次;
一级	Ⅱ	1	—	2	②根据具体情况,可采用不同时段观测代替往返观测,时段是指上、下午或不同的白天
二、三级	Ⅱ	1	—	1	
图根导线	Ⅱ	1	—	1	

注:测距仪的等级划分以 1 km 测距中误差($m_D = a + bD$)划分为两级,Ⅰ级:$m_D \leqslant 5$ mm;Ⅱ级:5 mm$< m_D \leqslant 10$ mm。

式中 a——仪器标称精度中的固定误差,mm;

b——仪器标称精度中的比例误差,mm/km;

D——测距边边长,以公里为单位。

表 7.8 光电测距各项较差的限值

项目 仪器等级	一测回读数较差 (mm)	单程测回间较差 (mm)	往返或不同 时段的较差
Ⅰ级	5	7	$2(a + bD)$
Ⅱ级	10	15	

注:往返较差为斜距化算到同一水平面上后的平距后进行比较。

2. 测定气象数据

光电测距时,要按要求测定气象数据。气象数据的测定应符合下列要求。

①气象仪表宜选用通风干湿温度表和空盒气压表。测距时使用的温度表及气压表宜和测距仪检定时一致。

②到达测站后,应立刻打开装气压表的盒子,置平气压表,避免日光曝晒。温度表应悬挂在与测距视线同高、不受日光辐射影响和通风良好的地方,待气压表和温度表与周围温度一致后,才能正式测记气象数据。气象数据的测定技术要求见表 7.9。

表 7.9 气象数据的测定要求

导线等级	最小读数		测定的时间间隔	气象数据的使用
	温度(℃)	气压(Pa)		
一级起算边和边长	0.5	100(或 1 mmHg)	每边测定一次	观测一端的数据

导线等级	最小读数		测定的时间间隔	气象数据的使用
	温度（℃）	气压（Pa）		
二级起算边和边长，三级边长	0.5	100（或 1 mmHg）	一时段始末各测定一次	取平均值作为各边测量的气象数据

注：上午、下午和晚间各为一时段。

3. 测距边的倾斜改正

测距边的倾斜改正可用两端点的高差（用水准测量或用三角高程测定），也可用观测的垂角进行倾斜改正。

1）用测定两点间的高差计算

$$D=\sqrt{S^2-h^2} \tag{7.13}$$

2）用观测垂直角计算

$$D=S\cos(\alpha+f) \tag{7.14}$$

$$f_\alpha=(1-k)\rho''\frac{S\cos\alpha}{2R_m} \tag{7.15}$$

式中　D——测距边两端点仪器与棱镜平均高程面上的水平距离；

S——经气象、加常数与乘常数等改正后的斜距；

α——垂直角观测值；

f_α——地球曲率与大气折光对垂直角的改正值，f_α 恒为正；

k——大气折光系数；

R_m——地球平均曲率半径。

垂直角观测测回数应符合表 7.10 的规定。

表 7.10　垂直角观测规定

测回数　　　精度 方法	5″~10″	10″~30″	
	DJ2 级	DJ2 级	DJ6 级
对向观测中丝法	2	1	2
单向观测中丝法	3	2	3

7.3.5　全站仪导线测量记录示例

全站仪导线测量记录如表 7.11 所示。

表 7.11 全站仪导线测量记录表

测站名称：　　　　　　观测者：　　　　　　记录者：　　　　　　测量日期：

水平角观测记录

测回	照准方向	盘位	水平角度盘读数 ° ′ ″	半测回角值 ° ′ ″	2c ″	一侧回角值 ° ′ ″	互差 ″	各测回平均值 ° ′ ″	备注
I	2	左	00 00　00	93 38 26	0				
	4		93 38　26			93　38　28			
	2	右	180 00　00	93 38 29	-3				
	4		273 38　29				2		
II	2	左	90 00　00	93 38 27	-3				
	4		183 38　27			93　38　26		93　38　27	
	2	右	270 00　03	93 38 26	-2				
	4		03 38　29						
		左							
		右							
		左							
		右							

水平距离测量记录

测站点气温：30 ℃　　　　　　　　　　　　　　　　　　　　　　　测站点气压：1013 hPa

照准方向	盘位及测回	读数1（m）	读数2（m）	读数3（m）	互差（mm）	距离值（m）	均值（m）	备注
2	盘左1	53.788	.788	.788	0	53.788		
	盘左2	.788	.788	.788	0	.788	53.788	
4	盘左1	54.220	.220	.220	0	54.220		
	盘左2	.220	.220	.221	1	.220	54.220	
	盘左1							
	盘左2							
	盘左1							
	盘左2							

任务 7.4　导线简易平差计算

7.4 闭合导线测量的坐标计算

导线测量的内业计算的目的是计算导线点的平面坐标。计算前,应全面检查导线测量的外业记录手簿,有无遗漏,各项限差是否超限。然后绘制导线略图,在图上注明已知点(高级点)及导线点的点号、已知点坐标、已知边坐标方位角及导线经改正后的边长和水平角观测值。

进行导线计算时,应利用计算器,在规定的表格中进行(也可采用专用导线计算程序在计算机中进行)计算。各项数值计算中的取位规定是:角度值取至秒,长度和坐标值取至毫米。

下面就三种导线形式用计算器在规定的表格中的计算方法和步骤予以叙述。

7.4.1　闭合导线的计算

图 7.16 为一闭合导线略图,在野外对该导线的各内角和多边形各边进行观测,导线点的坐标的计算过程是在专用的表格(表 7.12)中进行,下面对闭合导线的平差计算方法及步骤予以介绍。

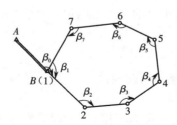

图 7.16　闭合导线略图

1. 角度闭合差的计算和角度平差

(1)角度闭合差的计算

从平面几何学可知,闭合多边形的内角和理论上等于 $(n-2) \times 180°$,多边形内角在观测中有误差,内角和不一定等于 $(n-2) \times 180°$,这样就使得多边形内角和的观测值与理论值不相符,形成角度闭合差 f_β ,计算式为

$$f_\beta = \sum_{i=1}^{n} \beta_i - (n-2) \times 180° \tag{7.16}$$

式中　β——闭合导线的内角;

　　　n——多边形内角的个数。

注意:定向角 β_0 (又称连接角)不是闭合多边形中的角度,不参与角度闭合差的计算。

角度闭合差必须有一定的限度,称为限差,一般以二倍中误差作为限差。若超限,表示观测值误差太大,观测成果不能采用,必须重测。规范中规定的角度(方位角)闭合差的限

差为

$$f_{\beta限} = \pm 2m_\beta \sqrt{n} \qquad\qquad (7.17)$$

角度（方位角）闭合差应满足

$$f_\beta \leqslant f_{\beta限} = \pm 2m_\beta \sqrt{n} \qquad\qquad (7.18)$$

一般图根导线的测角中误差 $m_\beta = \pm 30''$，图 7.16 中 $n = 7$，由此计算出 $f_{\beta限} = \pm 2'39''$。该导线最后计算出的角度闭合差应该满足

$$|f_\beta| \leqslant |f_{\beta限}| = 2'39''$$

若不满足上式，则导线水平角应重新观测。

（2）角度平差

当 $|f_\beta| \leqslant |f_{\beta限}|$ 时，需对水平角 β_i 进行平差处理。平差的方法是将角度闭合差反号平均分配给每一个观测角，若不能平均分配，有剩余角度值，将其按观测角从大到小的顺序进行分配，也就是给闭合多边形中每一个水平角 β_i（内角）加上一个角度改正数 v_β，得到平差后的水平角度 $\hat{\beta}_i$，即

$$v_\beta = -\frac{f_\beta}{n} \qquad\qquad (7.19)$$

$$\hat{\beta}_i = \beta_i + v_\beta \qquad (i = 1, 2, \cdots, n) \qquad\qquad (7.20)$$

如果计算正确，经过角度改正后的多边形内角和等于 $(n-2) \times 180°$，即

$$\sum_{i=1}^{n} \hat{\beta}_i = (n-2) \times 180°$$

以此作为角度平差计算正确与否的检核。

2. 导线边坐标方位角的推算

当多边形内角经过平差后，就可以根据式（7.5）推算导线中每一条边的坐标方位角，图 7.16 中 B-2 边的坐标方位角根据已知边 AB 的坐标方位角 α_{AB} 和连接角 β_0 用下式计算

$$\alpha_{B2} = \alpha_{AB} + \beta_0 \pm 180° \qquad\qquad (7.21)$$

图 7.16 中其余各边的坐标方位角用改正后的水平角 $\hat{\beta}_i$ 计算，即

$$\left.\begin{aligned} \alpha_{23} &= \alpha_{B2} + \hat{\beta}_2 \pm 180° \\ &\cdots \\ \alpha_{71} &= \alpha_{67} + \hat{\beta}_7 \pm 180° \end{aligned}\right\} \qquad\qquad (7.22)$$

导线各边的方位角由此便都可算出，为了检核计算的正确性，还要根据下式计算第一条边的方位角

$$\alpha_{12} = \alpha_{71} + \beta_1 \pm 180°$$

与前面所算的 B-2 边方位角进行比较，若相等，说明计算无误，否则应查找错误，重新计算各导线的方位角。

3. 坐标增量的计算

各导线边方位角推算结束后,可根据方位角和经尺长、温度和坡度等项改正后的导线边长计算坐标增量。根据式(7.7)可计算图 7.16 中各导线边的坐标增量为

$$\left.\begin{array}{l} \Delta x_{B2} = D_{B2}\cos\alpha_{B2} \\ \Delta x_{23} = D_{23}\cos\alpha_{23} \\ \cdots \\ \Delta x_{7B} = D_{7B}\cos\alpha_{7B} \end{array}\right\} \tag{7.23}$$

$$\left.\begin{array}{l} \Delta y_{B2} = D_{B2}\sin\alpha_{B2} \\ \Delta y_{23} = D_{23}\sin\alpha_{23} \\ \cdots \\ \Delta y_{7B} = D_{7B}\sin\alpha_{7B} \end{array}\right\} \tag{7.24}$$

4. 坐标增量闭合差的计算和坐标增量平差

(1)坐标增量闭合差的计算

计算出各边的坐标增量后,可依照式(7.6)计算各导线点的坐标如下

$$\left.\begin{array}{l} x_2 = x_B + \Delta x_{B2} \\ x_3 = x_2 + \Delta x_{23} \\ \cdots \\ x_B = x_7 + \Delta x_{7B} \end{array}\right\} \tag{7.25}$$

$$\left.\begin{array}{l} y_2 = y_B + \Delta y_{B2} \\ y_3 = y_2 + \Delta y_{23} \\ \cdots \\ y_B = y_7 + \Delta y_{7B} \end{array}\right\} \tag{7.26}$$

将式(7.25)、式(7.26)中各式总和起来,得

$$\left.\begin{array}{l} x_B = x_B + \sum\Delta x \\ y_B = y_B + \sum\Delta y \end{array}\right\} \tag{7.27}$$

由式(7.27)可见,如果测量中没有误差,各边的同名坐标增量之和理论上等于零,即

$$\left.\begin{array}{l} \sum\Delta x_{理} = 0 \\ \sum\Delta y_{理} = 0 \end{array}\right\} \tag{7.28}$$

但是,测角和量边中总是存在测量误差的,根据坐标方位角和导线边计算的坐标增量也存在误差,坐标增量计算值一般不等于理论值,导线就会产生坐标增量闭合差,其计算式

$$\left.\begin{array}{l} f_x = \sum\Delta x_{计} - \sum\Delta x_{理} = \sum\Delta x_{计} - 0 \\ f_y = \sum\Delta y_{计} - \sum\Delta y_{理} = \sum\Delta y_{计} - 0 \end{array}\right\} \tag{7.29}$$

式(7.29)可表示为如下形式

$$\left.\begin{array}{l} f_x = \sum\Delta x_{计} \\ f_y = \sum\Delta y_{计} \end{array}\right\} \tag{7.30}$$

式(7.30)就是闭合导线坐标增量闭合差的计算式。同角度闭合差一样,坐标增量闭合差不可能无限大,应有一定的限度,坐标增量闭合差的限度是用导线全长闭合差的相对误差来体现的。《工程测量规范》中规定,图根导线相对闭合差≤1/2 000α,当 α=2 时,一般图根导线相对闭合差应该≤1/4 000。导线全长闭合差f_s的计算式为

$$f_s = \sqrt{f_x^2 + f_y^2} \tag{7.31}$$

导线全长相对闭合差是导线全长闭合差与导线的总长度的比值,用符号 K 表示,一般计算成分子为 1 的分数,即

$$K = \frac{f_s}{\sum s} = \frac{1}{\sum s / f_s} \tag{7.32}$$

(2)坐标增量的平差

导线全长相对闭合差符合规范要求时,要进行坐标增量的平差。方法是,给每一个坐标增量加上一个改正数,使之消除坐标增量闭合差。坐标增量改正数为

$$\left. \begin{array}{l} v_{\Delta x_{ij}} = -\dfrac{f_x}{\sum D} D_{ij} \\[3mm] v_{\Delta y_{ij}} = -\dfrac{f_y}{\sum D} D_{ij} \end{array} \right\} \tag{7.33}$$

为了检核坐标增量改正数计算的正确性,所计算出的坐标增量改正数之和等于反号后的坐标增量闭合差,即

$$\left. \begin{array}{l} -f_x = \sum v_{\Delta x} \\ -f_y = \sum v_{\Delta y} \end{array} \right\} \tag{7.34}$$

然后计算出改正后的坐标增量

$$\left. \begin{array}{l} \Delta \hat{x}_{ij} = \Delta x_{ij} + v_{\Delta x_{ij}} \\ \Delta \hat{y}_{ij} = \Delta x_{ij} + v_{\Delta y_{ij}} \end{array} \right\} \tag{7.35}$$

5. 各导线点坐标的计算

利用坐标增量的平差值从已知点 B 开始,依次推算图 7.16 所示导线中各未知点的平面坐标,坐标计算式

$$\left. \begin{array}{l} x_2 = x_B + \Delta \hat{x}_{12} \\ y_2 = y_B + \Delta \hat{y}_{12} \end{array} \right\}$$

$$\cdots$$

$$\left. \begin{array}{l} x_i = x_{i-1} + \Delta \hat{x}_{i-1,i} \\ y_i = y_{i-1} + \Delta \hat{y}_{i-1,i} \end{array} \right\} \tag{7.36}$$

为了检核计算的正确性,要算回至已知点 B,即

$$\left. \begin{array}{l} x_B = x_7 + \Delta \hat{x}_{7B} \\ y_B = y_7 + \Delta \hat{y}_{7B} \end{array} \right\}$$

推算坐标与已知坐标相等,以此检核。

例 7.2 如图 7.16 所示的闭合导线，*A*、*B* 为已知坐标点，其余为未知点，计算过程都在表格中进行（见表 7.12）。

解：表格的填写和计算过程如下。

第一步，填写已知数。将已知点 *A*、*B* 的坐标填写在 *A*、*B* 行与第 13、14 列的交叉位置，已知方位角 $\alpha_{AB} = 183°55'00''$ 填写在表中第 5 列相应位置，观测的水平角和边长分别填写在表第 2、6 列中。

第二步，进行角度闭合差的计算和角度平差。按式（7.16）计算角度闭合差，按式（7.17）计算闭合差的限差，按式（7.19）计算角度改正数，填写于表中第 3 列，再将第 2 列和第 3 列对应数据相加填写于第 4 列。这就完成了角度平差。

第三步，各边坐标方位角的推算。表中第 5 列中，*AB* 边的方位角 $\alpha_{AB} = 183°55'00''$ 为已知，根据式（7.5）用已知边的方位角和表中第 4 列角度平差值，依次推算出各导线的方位角均填写在第 5 列中。要注意的是：根据已知边 *AB* 推算 *B*2 边方位角时，用连接角 β_0 算出最后一条未知边 *7B* 的方位角后，用 β_1 计算 *B*2 边的方位角，进行检核。

第四步，用边长和方位角根据式（7.7）计算各边的纵、横坐标增量，分别填写在第 7、9 列中。

第五步，将第 7 列中数据求和，就是纵坐标增量闭合差 f_x，第 9 列求和就是横坐标增量闭合差 f_y。在求得全长相对闭合差并与允许误差比较符合要求后，按式（7.33）计算纵、横坐标增量改正数，分别填写在第 8、10 列中。注意：同保坐标增量改正数之和等于同名闭合差的反号，以此作检核。

第六步，各导线点坐标的计算。根据已知点 *B* 的坐标和改正后的坐标增量逐点计算坐标。注意：计算完 7 点的坐标后，计算到 *B* 点的坐标再与原坐标比较看是否相等，以此作检核。

7.4.2 附合导线的计算

附合导线的计算步骤方法与闭合导线基本一样，仅角度闭合差和坐标增量闭合差的计算方法与闭合导线的计算有差异，下面就这两个步骤的计算予以叙述。

1. 角度闭合差的计算和水平角平差

（1）角度闭合差的计算

在图 7.17 中，*MA* 和 *BN* 为已知边，已知方位角分别为 α_{MA} 和 α_{BN}，β_i 为导线前进方向的左角（水平角），根据已知边 *MA* 的方位角 α_{MA} 及水平角推算未知边的方位角，直至最后一边（已知方位角边 *BN*）的方位角。若水平角观测时无误差，则 *BN* 边方位角的计算值等于其已知值。但是，角度观测不可能没有误差，这样就使得 *BN* 边方位角的计算值不等于其已知值，产生附合导线方位角闭合差 f_β（角度闭合差）。根据方位角的推算公式，得最末边 *BN* 边方位角的计算值为

$$\alpha_{BN\text{计}} = \alpha_{MA} + \sum_{i=1}^{n} \beta_i - n \times 180°$$

表 7.12　闭合导线计算表

等级：±20″

工程名称：图根导线

点名	观测角度 (° ′ ″)	角度改正数	角度平差值 (° ′ ″)	方位角 (° ′ ″)	边长观测值 (m)	坐标增量近似值 ΔX(m)	改正数 (mm)	坐标增量近似值 ΔY(m)	改正数 (mm)	坐标增量平差值 ΔX(m)	坐标增量平差值 ΔY(m)	坐标 X(m)	坐标 Y(m)
1	2	3	4	5	6	7	8	9	10	11	12	13	14
A				183 55 00								63 861.775	51 281.687
B(1)	259 14 00	—	259 14 00	263 09 00	115.258	-13.747	+8	-114.435	-3	-13.739	-114.438	63 829.540	51 279.480
2	212 38 40	-11	212 38 29	295 47 29	48.434	21.073	+3	-43.609	-1	21.076	-43.610	63 815.801	51 165.042
3	123 39 41	-11	123 39 30	239 26 59	53.544	-27.216	+3	-46.111	-2	-27.213	-46.113	63 836.877	51 121.432
4	114 30 00	-11	114 29 49	173 56 48	58.309	-57.984	+4	6.149	-2	-57.980	6.147	63 809.664	51 075.319
5	95 10 34	-11	95 10 23	89 07 11	71.580	1.100	+5	71.572	-2	1.105	71.570	63 751.684	51 081.466
6	177 26 37	-11	177 26 26	86 33 37	97.934	5.876	+6	97.758	-3	5.882	97.755	63 752.789	51 153.036
7	115 29 03	-11	115 28 52	22 02 29	76.452	70.864	+5	28.691	-2	70.869	28.689	63 758.671	51 250.791
B(1)	61 06 42	-11	61 06 31	263 09 00 （检核）	∑D= 521.511							63 829.540 （检核）	51 279.480 （检核）

备注

$f_\beta = +77''$ 　 $\sum X = -0.034$ 　 $f_x = -34$ mm 　 $f = 37$ mm

$f_{\beta 限} = \pm 106''$ 　 $\sum Y = -0.015$ 　 $f_y = 15$ mm 　 $K \approx 1/14\,100$

附合导线方位角闭合差 f_β 用计算式表示如下

$$f_\beta = \alpha_{BN\text{计}} - \alpha_{BN} = \alpha_{MA} + \sum_{i=1}^{n} \beta_i - n \times 180° - \alpha_{BN} \qquad (7.37)$$

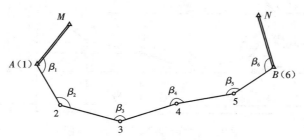

图 7.17　附合导线略图

（2）水平角平差

同闭合导线一样，角度（方位角）闭合差应满足

$$f_\beta \leqslant f_{\beta限} = \pm 2 m_\beta \sqrt{n}$$

当其满足上式要求后，要对水平角进行平差处理，将角度（方位角）闭合差分配掉。分配的方法同闭合导线一样，将角度闭合差反号平均分配给每一个观测角，若不能平均分配，有剩余角度值，将其按观测角从大到小的顺序进行分配。给附合导线中每一个水平角 β_i（左角）加上一个角度改正数 v_β，得到平差后的水平角度 $\hat{\beta}_i$ 为

$$v_\beta = -\frac{f_\beta}{n} \qquad\qquad \hat{\beta}_i = \beta_i + v_\beta \qquad (i = 1, 2, \cdots, n)$$

2. 坐标增量闭合差的计算和坐标增量平差

（1）坐标增量闭合差的计算

如图 7.18 所示，图中各边的纵坐标增量计算值求和等于 A、B 两点间的纵坐标之差 Δx_{AB}，各边横坐标增量计算值求和等于 A、B 两点间的横坐标之差 Δy_{AB}，但各坐标增量是由观测角度和边长算出的，观测值是一定有误差的，故算出的坐标增量也存在误差，使得各边的同名坐标增量之和不等于 A、B 两点间的同名坐标之差，产生坐标增量闭合差，即

$$\left. \begin{aligned} f_x &= \sum \Delta x_{\text{计}} - (x_B - x_A) \\ f_y &= \sum \Delta y_{\text{计}} - (y_B - y_A) \end{aligned} \right\} \qquad (7.38)$$

（2）坐标增量平差

同闭合导线一样，附合导线全长闭合差的相对误差在限差范围内时，要对坐标增量进行平差，将坐标增量加上一个改正数求出平差后的坐标增量。平差计算用式（7.33）、式（7.35）。

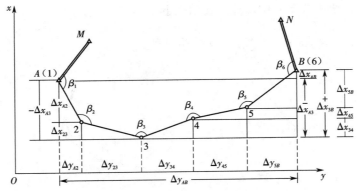

图 7.18 附合导线坐标计算增量图

例 7.3 如图 7.17 所示的附合导线,图中 M、A、B、N 为已知坐标点,其余为未知点,计算过程在表格(见表 7.13)中进行,填写方法同闭合导线计算表 7.12。

支导线因终点为待定点,不存在附合条件。为了进行检核和提高精度,一般采取往返观测,使其有多余观测。因观测存在误差,所以会产生方位角闭合差和坐标闭合差。

支导线采取往、返观测,又称复测支导线。复测支导线的平差计算过程与附合导线基本相同。计算方法简述如下。

1. 方位角闭合差的计算和角度平差

方位角闭合差为终止边往测方位角与终止边返测方位角之差,即

$$f_\beta = \alpha_往 - \alpha_返 \tag{7.39}$$

限差为

$$f_{\beta限} = \pm 2m_\beta \sqrt{2n} \tag{7.40}$$

式中 m_β——为测角中误差;

$2n$——为往返观测的总测站数。

当 $f_\beta \leq f_{\beta限}$ 时,进行角度闭合差的平差,往返测量所测水平角的改正数绝对值相等,符号相反,即

$$\begin{cases} v_{\beta往} = -\dfrac{f_\beta}{2n} \\[3mm] v_{\beta返} = +\dfrac{f_\beta}{2n} \end{cases} \tag{7.41}$$

2. 坐标闭合差的平差

坐标闭合差为往、返观测所计算的终点坐标之差,起点与终点间往返测坐标增量之差,即

$$f_s = \sqrt{f_x^2 + f_y^2} \tag{7.42}$$

导线全长闭合差为

$$f_s = \sqrt{f_x^2 + f_y^2}$$

工程名称：图根导线

表 7.13　附合导线计算表

等级：±20"

点名	观测角度 (° ′ ″)	角度改正数	角度平差值 (° ′ ″)	方位角 (° ′ ″)	边长观测值 (m)	坐标增量近似值				坐标增量平差值		坐标	
						ΔX(m)	改正数 (mm)	ΔY(m)	改正数 (mm)	ΔX(m)	ΔY(m)	X(m)	Y(m)
1	2	3	4	5	6	7	8	9	10	11	12	13	14
M				237 59 30									
A(1)	99 01 00	+7″	99 01 07	157 00 37	225.850	−207.912	+47	88.209	−40	−207.865	88.169	2 507.690	1 215.630
2	167 45 36	+7″	167 45 43	144 46 20	139.030	−113.569	+29	80.196	−25	−113.540	80.171	2 299.825	1 303.799
3	123 11 24	+7″	123 11 31	87 57 51	172.570	6.130	+36	172.461	−31	6.166	172.430	2 186.285	1 383.970
4	189 20 36	+7″	189 20 43	97 18 34	100.070	−12.732	+21	99.257	−18	−12.711	99.239	2 192.451	1 556.400
5	179 59 18	+7″	179 59 25	97 17 59	102.480	−13.021	+21	101.649	−18	−13.000	101.631	2 179.740	1 655.639
B(6)	129 27 24	+7″	129 27 31	46 45 30 (检核)								2 166.740 (检核)	1 757.270 (检核)
N													
					$\sum D=$ 740.00								
备注	$f_\beta = -42''$ $f_{\beta限} = \pm 98''$				$\sum X = -341.104$ $\sum Y = 541.772$	$f_x = -154$ mm $f_y = +132$ mm				$f_D = 203$ mm $K \approx 1/3\,648$			

导线全长相对闭合差为

$$k = \frac{f_s}{\sum D_{往} + \sum D_{返}}$$ （7.43）

导线全长相对闭合差小于限差要求时,进行坐标增量改正数的计算,即

往测:

$$\begin{cases} v_{\Delta x_{ij}} = -\dfrac{f_x}{\sum D_{往} + \sum D_{返}} \times D_{ij往} \\[3mm] v_{\Delta y_{ij}} = -\dfrac{f_y}{\sum D_{往} + \sum D_{返}} \times D_{ij往} \end{cases}$$ （7.44）

返测:

$$\begin{cases} v_{\Delta x_{ij}} = -\dfrac{f_x}{\sum D_{往} + \sum D_{返}} \times D_{ij返} \\[3mm] v_{\Delta y_{ij}} = -\dfrac{f_y}{\sum D_{往} + \sum D_{返}} \times D_{ij返} \end{cases}$$ （7.45）

任务 7.5　GNSS 测量

7.5 GPS 测量基本
知识

　　GNSS 测量是指利用全球导航卫星系统(Global Navigation Satellite System)进行定位测量的技术。GNSS 测量技术通过观测多个卫星的信号来计算接收器在地球上的绝对位置坐标。这种测量方法广泛应用于地理信息系统(GIS)、测绘、农业、航空航天、航海、环境监测、城市规划、地质勘探等领域。现代的 GNSS 设备通常能够接收多个卫星导航系统的信号,GPS(美国)、GLONASS(俄罗斯)、Galileo(欧盟)和北斗(中国)等,以提高定位的准确性和可靠性。下面以 GPS 为例介绍全球导航卫星系统。

　　GPS 是全球卫星定位系统(Global Positioning System)的简称,由美国国防部于 20 世纪 70 年代开始历时 20 年,耗资 200 亿美元,于 1994 年全面建成,可实时提供三维导航与定位,主要用于为海陆空三军提供精密导航和情报收集等军事目的。

7.5.1　GPS 系统组成

　　GPS 系统由三部分组成:空间部分——GPS 卫星星座;地面控制部分——地面监控部分;用户设备部分——GPS 接收机。

1.GPS 卫星星座

　　GPS 卫星星座由 21 颗工作卫星和 3 颗备用卫星组成,这些卫星分布于 6 条绕地运行的轨道上,轨道倾角为 55°,卫星离地面高度为 20 200 km(如图 7.19),运行周期为 12 恒星时（11 h 58 min）。卫星通过天顶时，可见时间为 5 h，地球表面上任何地点任何时刻，用 GPS 接收机随时可观测到 4~11 颗卫星，以便进行定位与导航。

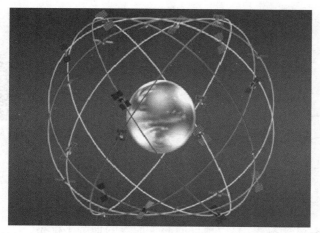

图 7.19　GPS 卫星星座

2. 地面监控部分

根据 GPS 定位原理，要实现 GPS 地面定位，需要知道观测瞬间 GPS 卫星的位置。卫星的位置是依据卫星发射的星历——描述卫星运动及其轨道的参数算得的，每颗 GPS 卫星所播发的星历是由地面监控系统提供的。卫星上的各种设备是否正常工作，卫星是否一直沿着预定轨道运行，都由地面设备进行监测和控制。地面监控系统的另一重要作用是保持各颗卫星处于同一时间标准——GPS 时间系统。这就需要地面站监测各颗卫星的时间，求出钟差，然后由地面注入站发给卫星，卫星再由导航电文发给用户接收机。

GPS 工作卫星的地面监控系统包括 1 个主控站、3 个注入站和 5 个监控站。

3.GPS 接收机

GPS 接收机的任务是捕获到按一定卫星高度截止角所选择的待测卫星的信号，并跟踪这些卫星的运行，对所接收到的 GPS 信号进行变换、放大和处理，以测量出 GPS 信号从卫星到接收机天线的传播时间，解译出 GPS 卫星所发送的导航电文，实时计算出测站的三维位置，甚至三维速度和时间。

目前，各种类型的 GPS 测地型接收机用于精密相对定位时，其双频接收机精度可达 $5\ \text{mm}+2\times10^{-6}\times D$，单频接收机在一定距离内的精度可达 $10\ \text{mm}+2\times10^{-6}\times D$。差分定位的精度可达亚米级至厘米级。

7.5.2　GPS 定位的基本原理

GPS 卫星定位系统确定地面点位的基本原理是用 GPS 接收机接收从四颗或四颗以上卫星在空间运行轨道上同一瞬间发出的超高频无线电信号，以测定地面点至这几颗卫星的空间距离，用距离交会法求得地面点的空间位置，如图 7.20 所示。

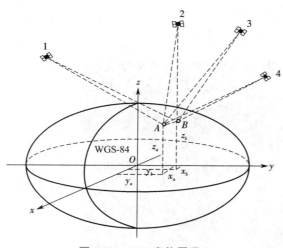

7.6 实操 GPS 测量
方法 1

图 7.20　GPS 定位原理

GPS 采用 WGS-84 坐标系,是以地球质心为原点的地心坐标系,x、y 轴在地球赤道平面内,z 轴与地球自转相重合。地面点 A、B 在该坐标系中的三维坐标分别为(x_a,y_a,z_a)和(x_b,y_b,z_b)。

若要测定 A 或 B 点的 WGS-84 三维坐标,只需要在 A 或 B 点安置 GPS 接收机接收卫星信号,得到四颗以上卫星的瞬时位置,通过下式,可解算出接收机所在测站的三维坐标

$$\left.\begin{array}{l} D_A^1 = \sqrt{\left(x_a-x^1\right)^2+\left(y_a-y^1\right)^2+\left(z_a-z^1\right)^2}+c\delta_t \\ D_A^2 = \sqrt{\left(x_a-x^2\right)^2+\left(y_a-y^2\right)^2+\left(z_a-z^2\right)^2}+c\delta_t \\ D_A^3 = \sqrt{\left(x_a-x^3\right)^2+\left(y_a-y^3\right)^2+\left(z_a-z^3\right)^2}+c\delta_t \\ D_A^4 = \sqrt{\left(x_a-x^4\right)^2+\left(y_a-y^4\right)^2+\left(z_a-z^4\right)^2}+c\delta_t \end{array}\right\} \tag{7.46}$$

式中　c——光速;

　　　δ_t——接收机钟差;

　　　$\left(x^i,y^i,z^i\right)$——观测卫星瞬时坐标,$i=1,2,3,4$;

　　　D_A^i——测站 A 到各观测卫星的距离,$i=1,2,3,4$。

这种确定一个点在 WGS-84 坐标系的三维坐标的方法,称为单点绝对定位。受卫星发射方在信号中的保密措施限制,不能利用其精码(精确定位信号),使得一般用户难以得到精确的卫星定轨信息,使用绝对定位方法只能达到 ±100 m 左右的定位精度,不能满足控制测量的精度要求。

常规 GPS 控制测量一般采用静态相对定位法。将两台 GPS 接收机分别安置于 A、B 点,同时观测几颗卫星的信号(称为同步观测),利用两点同步观测得到的无线电载波相位差分观测值,能消除多种误差的影响,获得两点间的高精度的 GPS 基线向量——三维坐标差。在 GPS 控制网中,根据许多点与点之间测定的基线向量,由已知点推算待定点位,定位

精度就能满足控制测量的要求。

GPS 直接测出的 WGS-84 坐标不便于工程应用。工程建设中,利用 GPS 与测区已有的控制点联测的方法求得转换参数,通过坐标转换,化为本测区的高斯平面直角坐标和基于大地水准面的高程。

净空条件良好、定位精度要求不是很高的测图或工程放样中,常常采用动态差分定位的方法。差分 GPS 定位技术,就是将一台 GPS 接收机安置在基准站上进行观测,另一台接收机安置在运动的载体上,载体在运动过程中,其上的 GPS 接收机与基准站上的接收机同步观测 GPS 卫星,以实时确定载体在每个观测历元的瞬时位置。在实时定位过程中,由基准站接收机通过数据链发送修正数据,用户站接收机接收该修正数据并对测量结果进行改正处理,以达到消除或减少相关误差的影响,获得精确的定位结果。

差分 GPS 由于其有效地消除了美国政府 SA 政策所造成的危害,大幅提高了定位精度,近年来已经成为 GPS 定位技术中新的研究热点,取得了重大进展。目前市场上出售的 GPS 接收机大多已具备实时差分的功能,不少接收机的生产销售厂商已将差分 GPS 的数据通信设备作为接收机的附件或选购件一并出售,商业性的差分 GPS 服务系统也纷纷建立。标志着差分 GPS 已经进入实用阶段。

7.5.3 GPS 定位测量的优点

GPS 定位测量具有高精度、全天候、高效率、多功能、操作简便等特点,与常规控制测量方法相比,有许多优点。

1. 定位精度高

应用实践证明,GPS 相对定位精度在 50 km 以内可达10^{-6},100~500 km 以内可达10^{-7},1 000 km 以上可达10^{-9}。在 300~1 500 m 的工程精密定位中,1 h 以上观测的解的平面位置误差小于 1 mm。

7.7 实操 GPS 测量方法 2

2. 观测时间短

随着 GPS 系统的不断完善、软件的不断更新,目前 20 km 以内相对静态定位仅需 15~20 min。快速静态相对定位测量时,每个流动站与基准站相距 15 km 以内,流动站观测时间只需 1~2 min。动态相对定位测量时,流动站出发时观测 1~2 min,然后可随时定位,每站观测仅需几秒钟。

3. 测站间无须通视

GPS 测量测站之间无须互相通视,测站上空开阔即可,可节省大量的造标费用。点位位置根据需要可稀可密,选点工作甚为灵活。

4. 可提供三维坐标

经典大地测量将平面与高程采用不同方法分别施测,GPS 卫星定位可同时精确测定点的三维坐标(X, Y, H)。

5. 操作简便

随着 GPS 接收机的不断改进,自动化程度越来越高,已达"傻瓜化"程度。接收机的体积越来越小,质量越来越轻,观测、记录、计算等具有高度的自动化,可以较快获得测量成果,

极大地减轻测量工作者的工作紧张程度和劳动强度,使野外工作变得轻松愉快。

6. 全天候作业

目前,GPS 观测可在全天 24 h 内的任何时间进行,不受阴天黑夜、起雾刮风、下雨下雪等气候的影响。

7. 功能多、应用广

GPS 系统不仅可用于测量、导航,还可用于测时、测速。测速的精度可达 0.1 m/s,测时的精度可达几十毫秒。GPS 对大地测量、工程勘测乃至于开阔地区的细部测量展现了极其广阔的应用前景。

课后思考

1. 测量控制网点的布设原则是什么?控制网分为哪几种?

2. 什么叫导线?单一导线有哪几种布设形式?各在什么情况下使用?

3. 导线测量的外业工作包括哪些?现场选点时应注意哪些问题?

4. 什么叫坐标正算和坐标反算?

5. 已知 X_A=2 515.93 m,Y_A=3 972.19 m,$\alpha_{AB}=307°46'482$,S_{AB}=107.62 m 试求(X_B,Y_B)的值。

6. 利用 5 题中的(X_A,Y_A)和计算的(X_B,Y_B)反算求 S_{AB} 和 α_{AB}。

7. 图 7.21 为一闭合导线,已知数据和观测值均标注于图中,请按闭合导线的计算方法计算出导线各点的坐标。

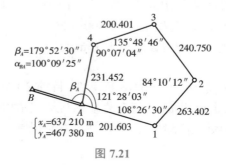

图 7.21

8. 图 7.22 为一附合导线,表 7.14 中已知点坐标和观测值,请按附合导线的计算方法计算附合导线中各点的坐标。

表 7.14 课后思考

点号	观测角值 ° ′ ″	观测边长 (m)	已知点坐标	
			x	y
A	99 01 00		2 507.70	2 215.83
1	167 45 00	225.85		
2	123 11 24	139.03		

续表

点号	观测角值 °　′　″	观测边长 （m）	已知点坐标	
			x	y
3	189 20 11	172.57		
4	179 59 18	100.07		
C	129 27 24	107.48	2 224.84	2 795.36

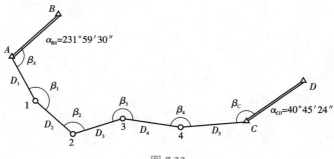

图 7.22

9. 图 7.23 为 3 个已知点的前方交会，其中 A、B 为已知坐标点，已知数据列入表 7.15 中，试求未知点 P 的坐标。

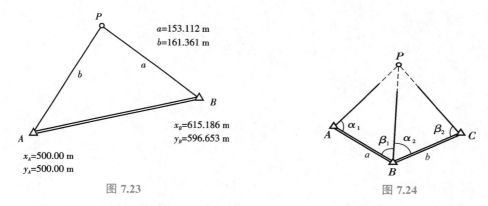

图 7.23

图 7.24

10. 图 7.24 为测边交会，图中 A、B、C 为已知坐标点，a、b 为观测边长，P 为待求点，请计算未知点 P 的平面坐标。

表 7.15　课后思考

已 知 数 据			观 测 数 据	
点名	x（m）	y（m）	角号	水平角度值 °　′　″
A	3 646.35	1 054.54	α_1	64 03 30
B	3 873.96	1 772.68	β_1	59 46 40
C	4 538.45	1 862.57	α_2	55 30 36
			β_2	72 44 47

项目 8　大比例尺地形图测绘

本项目主要介绍大比例尺地形图分类、分幅方法；地物的表示方法；地貌的表示方法；地形图的测绘方法。

知识目标：掌握地形图的比例尺分类、分幅等；了解地形图上要表示的内容、等高线绘制的原理和特性；了解地形图的测绘方法。

技能目标：能正确绘制矩形分幅方格网；能初步识读地形图；能用手工测图的方式完成较小范围的大比例尺地形图测绘。

素养目标：①培养不畏艰辛、吃苦耐劳的测绘精神；②注重养成认真细致、精益求精的工作作风；③逐步培养沟通交流的习惯、分工协作的团队意识。

重点：大比例尺地形图分类、分幅方法；地物的表示方法；地貌的表示方法；地形图的测绘方法。

难点：地貌的表示方法；地形图的测绘方法。

任务 8.1　比例尺

8.1.1　比例尺的概念

地形图上任意一条线段的长度与地面上相应线段的实际水平长度之比，称为地形图的比例尺。比例尺是地形图上最重要的参数，既决定了地形图图上长度与实地长度的换算关系，又决定了地形图的详细程度与精度。

课程思政：测绘就是把美丽的地球搬回家

8.1 全站仪地形图测绘

8.1.2　比例尺的种类

1. 数字比例尺

数字比例尺一般用分子为 1 的分数形式表示。设图上某一线段的长度为 d，地面上相应线段的水平长度为 D，该地形图比例尺为

$$\frac{d}{D}=\frac{1}{\dfrac{D}{d}}=\frac{1}{M} \tag{8.1}$$

式中：M 为比例尺分母。图上 10 mm 代表地面上 20 m 的水平长度时,该图的比例尺为 1:2 000。比例尺分母实际上就是实地水平长度缩绘到图上的缩小倍数。

比例尺的大小是以比例尺的比值大小衡量的。比值越大(分母 M 越小),比例尺越大。为了满足经济建设和国防建设的需要,我国测绘和编制了各种不同比例尺的地形图,通常称 1:1 000 000、1:500 000、1:200 000 为小比例尺地形图;1:100 000、1:50 000、1:25 000 为中比例尺地形图;1:10 000、1:5 000、1:2 000、1:1 000、1:500 为大比例尺地形图。建筑工程通常采用大比例尺地形图。

2. 图示比例尺

为了用图方便,减小由于图纸伸缩引起的误差,绘制地形图时,常在图纸上绘制图示比例尺。最常见的图示比例尺为直线比例尺。

图 8.1 为 1:500 的直线比例尺,取 2 cm 为基本单位,从直线比例尺上可直接读得基本单位的 1/10,估读到 1/100。

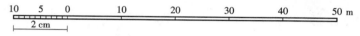

图 8.1　1:500 直线比例尺

8.1.3　比例尺的精度

8.2 实操坐标数据采集

人们用肉眼能分辨的图上最小长度为 0.1 mm,因此在图上量度或实地测图描绘时,一般只能达到图上 0.1 mm 的精度。图上 0.1 mm 所代表的实际水平长度称为比例尺精度。

比例尺精度的概念,对测绘地形图和使用地形图都有重要的意义。测绘地形图时,要根据测图比例尺确定合理的测图精度。如测绘 1:500 比例尺地形图时,实地量距只需取到 5 cm,因为即使量得再细,也无法在图上表示出来。规划设计时,要根据用图的精度确定合适的测图比例尺。如工程建设,要求在图上能反映地面上 10 cm 的水平距离精度,采用的比例尺不应小于 0.1 mm/0.1 m=1/1 000。

表 8.1 为不同比例尺的比例尺精度,比例尺越大,比例尺精度越高,表示的地物和地貌越详细。但一幅图所能包含的实地面积也越小,而且测绘工作量及测图成本会有所增加。因此,采用何种比例尺测图,应从规划、施工实际需要的精度出发,不盲目追求更大比例尺的地形图。随着数字地形测图技术的普及,地形图通常一测多用,此时应以工程用图的最高精度确定比例尺的精度。

表 8.1　不同比例尺的比例尺精度

比例尺	1:500	1:1 000	1:2 000	1:5 000
比例尺精度(m)	0.05	0.10	0.20	0.50

任务 8.2　地形图的分幅与编号

为了便于测绘、拼接、使用和保管地形图,需要将各种比例尺的地形图进行统一的分幅和编号。地形图的分幅方法分为两类,一类是按经纬线分幅的梯形分幅法(又称为国际分幅),另一类是按坐标格网分幅的矩形分幅法。

8.3 单点数据采集 1

8.2.1　地形图的梯形分幅和编号

1. 1∶1 000 000 比例尺图的分幅和编号

按国际规定, 1∶1 000 000 的世界地图实行统一的分幅和编号。自赤道向北或向南分别按纬差 4° 分成横列,各列依次用 A、B、…、V 表示。自经度 180° 开始起算,自西向东按经差 6° 分成纵行,各行依次用 1、2、3、…、60 表示。每一幅图的编号由其所在的"横列–纵行"的代号组成。北京某地的经度为东经 116° 24′20″,纬度为 39° 56′30″,所在 1∶1 000 000 比例尺图的图号为 J-50(图 8.2)。

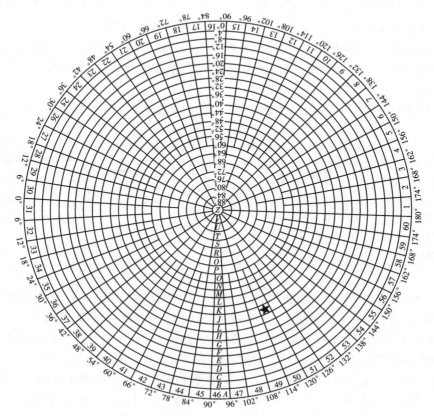

图 8.2　1∶1000 000 地图的分幅与编号

2. 1∶500 000、1∶250 000 比例尺图的分幅和编号

1∶500 000、1∶250 000 地形图的分幅和编号,都以 1∶1 000 000 地形图的分幅和编号为基础。

将一幅 1∶1 000 000 地形图图幅按纬差 2°、经差 3° 划分为 4 个 1∶500 000 地形图图幅,分别以字母 A、B、C、D 表示。图 8.3 中,画有斜线的 1∶500 000 地形图图幅编号为 J-50-D。

将一幅 1∶1 000 000 地形图图幅按纬差 1°、经差 1° 30′ 划分为 16 个 1∶250 000 地形图图幅,分别以带有方括号的阿拉伯数字[1]、[2]、[3]、…、[16]表示,加在 1∶1 000 000 地形图编号后面,组成 1∶250 000 地形图的图幅编号。图 8.4 中,画有斜线的 1∶250 000 地形图图幅编号为 J-50-[15]。

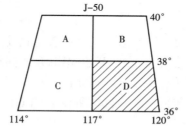

图 8.3　1∶500 000 地形图的分幅和编号

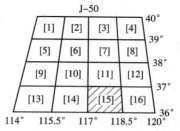

图 8.4　1∶250 000 地形图分幅和编号

3. 1∶100 000、1∶50 000、1∶25 000 比例尺图的分幅和编号

1∶100 000、1∶50 000、1∶25 000 比例尺图的分幅和编号都以 1∶1 000 000 比例尺图为基础按固定经差和纬差划分,根据划分的行和列,从上到下、从左到右按顺序分别用阿拉伯数字表示。

1∶1 000 000 比例尺图幅为基础划分的具体规则见表 8.2。

表 8.2　1∶100 000、1∶50 000、1∶25 000 比例尺图的分幅规则

比例尺	图幅大小		行列划分数量		比例尺代码
	纬度差	经度差	行数	列数	
1∶100 000	20′	30′	12	12	D
1∶50 000	10′	15′	24	24	E
1∶25 000	5′	7′30″	48	48	F

在 1∶1 000 000 比例尺图幅的基础上划分 1∶100 000、1∶50 000、1∶25 000 比例尺图的具体情况见图 8.5。1∶100 000、1∶50 000、1∶25 000 地形图的图幅编号由 10 位字符码组成:第 1 位为 1∶1 000 000 图幅行号字符码;第 2、3 位为 1∶1 000 000 图幅列号数字码;第 4 位为比例尺代码;第 5、6、7 位为行号数字码;第 8、9、10 位为列号数字码。

在图 8.5 中,带单斜线的图幅为 1∶100 000 的地形图,图号为 J5013002011;带双斜线的图幅为 1∶50 000 的地形图,图号为 J50E023003;带阴影(非网格)的图幅为 1∶25 000 的地形图,图号为 J50F046046。

J-50

列号	D	1		2				11		12	
行号	E	1	2	3	4			21	22	23	24
D	E	F	1 2	3 4	5 6	7 8		41 42	43 44	45 46	47 48
1	1	1 2					…				
	2	3 4									
2	3	5 6						▨	▨		
	4	7 8									
		⋮					⋮				
11	21	41 42									
	22	43 44									
12	23	45 46		▩			…			▨	
	24	47 48									

图 8.5　1∶100 000、1∶50 000、1∶25 000 地形图的分幅和编号

4. 1∶10 000、1∶5 000 地形图的分幅和编号

1∶10 000 地形图的分幅是在 1∶100 000 图幅的基础上进行的，1∶5 000 地形图的分幅是在 1∶10 000 图幅的基础上进行的。

1∶100 000 地形图的编号可以按下列方式进行:将一幅 1∶1 000 000 地形图图幅按纬差 20′、经差 30′,划分成 144 个 1∶100 000 的图幅,分别以数字 1、2、3、…、144 表示,加在 1∶1 000 000 图幅编号后面,组成 1∶100 000 地形图的图幅编号,如图 8.6 中,带斜线的 1∶100 000 图幅的编号为 J-50-5。

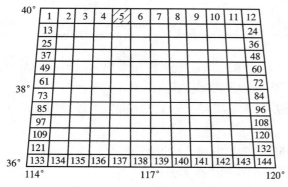

8.4 单点数据采集 2

图 8.6　1∶100 000 地形图的编号

再将一幅 1∶100 000 地形图图幅按纬差 2′30″、经差 3′45″ 划分成 64 个 1∶10 000 的图幅,分别以(1)、(2)、…、(64)表示,加在 1∶100 000 图幅后面,组成 1∶10 000 地形图的图幅编号。如图 8.7 中,带斜线的 1∶10 000 图幅的编号为 J-50-117(61)。

将一幅 1∶10 000 图,划分成 4 幅 1∶5 000 的图幅,分别以小写字母 a、b、c、d 表示,加在 1∶10 000 图幅之后,可得 1∶5 000 地形图的图幅编号。如图 8.8 中,画有斜线的

1:5 000 图幅的编号为 J-50-117-(61)-c。

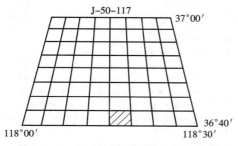

图 8.7 1:10 000 地形图的分幅和编号

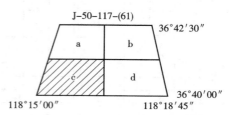

图 8.8 1:5 000 地形图的分幅和编号

为了方便学习和查用,上述各种比例尺地形图分幅和编号的规则可以归纳成表 8.3。

表 8.3 1:1 000 000~1:5 000 地形图的分幅和编号规则简表

比例尺	图幅大小		划分数		代号	图幅编号
	纬度差	经度差	绝对	相对		
1:1 000 000	4°	6°	1	1	横列:A、B、C、…、V 纵行:1、2、3、…、60	J-50
1:500 000	2°	3°	4	4	A、B、C、D	J-50-D
1:250 000	1°	1° 30′	16	4	[1]、[2]、[3]、…、[16]	J-50-[12]
1:100 000	20′	30′	144	9	1.2、3、…、144 D+行号+列号	J-50-8 J50D004006
1:50 000	10′	15′	576	4	E+行号+列号	J50E010007
1:25 000	5′	7′30″	2304	4	F+行号+列号	J50F022037
1:10 000	2′30″	3′45″	9216	4	(1)、(2)、…、(64)	J-50-8-(61)
1:5 000	1′15″	1′52.5″	36 864	4	a、b、c、d	J-50-8-(61)-c

根据以上分幅编号的规律,可以由已知某点所在地坐标来求出该点所在的某个比例尺的图幅编号,也可以由给定的图号求出该图幅图廓线的经、纬度。

例 8.1 已知某点的大地坐标为 $L=124° 34′19″$, $B=43° 56′48″$,求该点所在的 1:5 000 地形图的图号。

解:(1)求该点所在的 1:1 000 000 图幅图号

行号=$B/4°$ (取整数)+1=11,按字母排列顺序对应 K;

列号=$L/6°$ (取整数)+1+30=51。

该点所在的 1:1 000 000 图幅图号为 K-51。

(2)求该点所在的 1:100 000 图幅图号

行号=13-[B 的尾数/20′(取整数)+1]=13-[3° 56′48″/20″(取整数)+1]=1,在第 1 行;

列号=L 的尾数/30′(取整数)+1=4° 34′19″/30″(取整数)=10,在第 10 列。

该点所在的 1:100 000 图幅图号为 K-51-10,或 K51D001010。

（3）求该点所在的 1∶10 000 图幅图号

按与（2）同样的方法，可以得到该点所在的 1∶10 000 图幅图号为 K-51-10-（10）。

（4）求该点所在的 1∶5 000 图幅图号

同理可得：该点所在的 1∶5 000 图幅图号为 K-51-10-（10）-a。

例 8.2　已知某图幅图号为 H-49-103-（27），求该图幅的图廓线经纬度。

解：由图号可知，该图幅的比例尺为 1∶10 000。

首先，由图号 H-49 求 1∶1 000 000 图幅的图廓线的经纬度，纬度为 28°~32°，经度为 108°~114°。

其次，由图号 H-49-103 推知，该 1∶100 000 图幅位于 1∶1 000 000 图幅的第 9 行第 7 列，则 1∶100 000 图幅的起始纬度为 32° -20′×9=29°，起始经度为 108° +30′×（8-1）=111°，即 1∶100 000 图幅的图廓线纬度为 29° 00′~29° 20′，经度为 111° 00′~111° 30′。

最后，由图号 H-49-103-（27）推知，该 1∶10 000 图幅位于 1∶100 000 图幅的第 4 行第 3 列，则 1∶10 000 图幅的起始纬度为 29° 20′-2′30″×4=29° 10′，起始经度为 111° 00′+3° 45′×（3-1）=111° 07′30″，即该 1∶10 000 图幅的图廓线纬度为 29° 10′00″~29° 12′30″，经度为 111° 07′30″~111° 11′15″。

上述计算过程应配合草图检核，以防出错。

8.2.2　矩形分幅和编号

用于各建筑工程的大比例尺地形图，一般采用矩形分幅，矩形分幅有正方形分幅和长方形分幅两种，以平面直角坐标的纵、横坐标线来划分图幅，使图廓呈长方形或正方形。矩形分幅的规格见表 8.4。

表 8.4　矩形分幅的图幅规格

比例尺	长方形分幅		正方形分幅			图廓坐标值（m）
	图幅大小（cm）	实地面积（km²）	图幅大小	实地面积	分幅数	
1∶5 000	50×40	5	40×40	4	1	1 000 的整倍数
1∶2 000	50×40	0.8	50×50	1	4	1 000 的整倍数
1∶1 000	50×40	0.2	50×50	0.25	16	500 的整倍数
1∶500	50×40	0.05	50×50	0.062 5	64	50 的整倍数

矩形分幅的编号方法有坐标编号法、流水编号法和行列编号法。

坐标编号法是以该图廓西南角点的纵横坐标的千米数来表示该图图号。如图 8.9 所示为 1∶2 000 比例尺地形图，其西南角点坐标 x=84 km，y=62 km，同幅图号为 84.0-62.0。测区不大、图幅不多时，可在整个测区内按从上到下、从左到右采用流水数字顺序编号，如图 8.10 所示。行列编号法是将测区所有的图幅，以字母为行号，以数字为列号，以图幅所在行的字母和所在列的数字作为该图幅的编号。例如，第 4 行第 3 列的图幅号为 D-3。

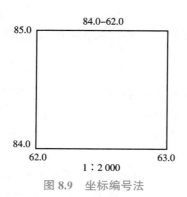

图 8.9　坐标编号法

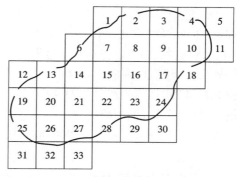

图 8.10　流水编号法

任务 8.3　地形图的图示符号

8.3.1　地形图图式

　　地形是地物和地貌的总称。地面上有明显轮廓的固定的自然物体和人工建筑的物体都称为地物，村庄、河流、湖泊、森林等。地貌是指地球表面的自然起伏状态，包括山地、平原、陡坎、崩崖等。在地形图上，对地物、地貌符号的样式、规格、颜色、使用以及地图注记和图廓整饰等都有统一规定，称为地形图图式。

　　地形图图式是表示地物和地貌的符号和方法。一个国家的地形图图式是统一的，它属于国家标准。我国当前使用的大比例尺地形图图式是由国家测绘地理信息局组织制定、中华人民共和国国家市场监督管理总局、中国国家标准化管理委员会发布，2018 年 5 月 1 日开始实施的《国家基本比例尺地图图式　第 1 部分：1∶500 1∶1000 1∶2000 地形图图式》（GB/T 20257.1—2017）。部分图式符号和注记如表 8.5 所示。

表 8.5　1∶500、1∶1 000、1∶2 000 地形图图式符号与注记

编号	符号名称	图　例	编号	符号名称	图　例
1	坚固房屋（4—房屋层数）	坚4	3	窑洞 a)住人的 b)不住人的 c)地面下的	a) b) c)
2	普通房屋（2—房屋层数）	2	4	台阶	

续表

编号	符号名称	图　例	编号	符号名称	图　例
5	花圃		16	电线架	
6	草地		17	砖、石及混凝土围墙	
7	经济作物地	蔗	18	土围墙	
8	水生经济作物地	藕	19	栅栏、栏杆	
9	水稻田		20	篱笆	
10	旱地		21	活树篱笆	
11	灌木林		22	沟渠 a)有堤岸的 b)一般的 c)有沟堑的	a) b) c)
12	菜地		23	公路	沥|砾
13	高压线		24	简易公路	
14	低压线		25	大车路	碎石
15	电杆		26	小路	

建筑工程测量（第3版）

续表

编号	符号名称	图 例	编号	符号名称	图 例
27	三角点 （凤凰山—点名 394.468—高程）	△ 凤凰山 394.468 3.0	35	阀门	1.5 1.5 ⊥ 2.0
28	图根点 a)埋石的 b)不埋石的	2.0 ▫ N16/84.46 a) 1.5 ⊕ D25/62.74 2.5 b)	36	水龙头	3.5 ⊥ 2.0 1.2
29	水准点	2.0 ⊗ Ⅱ京石5/32.804	37	钻孔	3.0 ⊙ 1.0
30	旗杆	1.5 • 4.0 ⊟ 1.0 ⊟ 1.0	38	路灯	2.5 1.0
31	水塔	2.0 3.5 ⊡ 1.0 1.2	39	独立树 a)阔叶 b)针叶	1.5 a)3.0 ○ 0.7 b)3.0 ⍦ 0.7
32	烟囱	3.5 ◉ 1.0	40	岗亭、岗楼	90° ⌂ 3.0 1.5
33	气象站(台)	3.0 4.0 1.2	41	等高线 a)首曲线 b)计曲线 c)间曲线	a)0.15 —— 87 b)0.3 —— 85 c)0.15 6.0 1.0
34	消火栓	1.5 1.5 ⊥ 2.0	42	高程点及其 注记	0.5 •158.3 ▼65.6

地形图图式中的符号有三类：地物符号、地貌符号和注记符号。

8.3.2　地物符号

地物的类别、形状和大小及其在图上的位置用地物符号表示。根据地物大小及描绘方法的不同，地物符号又可分为比例符号、非比例符号、半比例符号和填充符号。

1. 比例符号

有些地物的轮廓较大，其形状和大小可以按测图比例尺缩绘在图纸上，再配以特定的符号予以说明，这种符号称为比例符号，如房屋、较宽的道路、稻田、花园、运动场、湖泊、森林等。

8.6 草图法内业成图
地物绘制（1）

8.7 草图法内业成图
地物绘制（2）

2. 非比例符号

有些地物，三角点、导线点、水准点、独立树、路灯、检修井等，轮廓较小，无法将其形状和大小按地形图的比例尺绘到图上，而该地物又很重要，必须表示出来，则不管地物的实际尺寸，用规定的符号表示，这类符号称为非比例符号。非比例符号不仅形状和大小不按比例绘制，符号的中心位置与该地物实地的中心位置的关系也随各种地物不同而异，测绘及用图时应注意。

①圆形、正方形、三角形等几何图形的符号，三角点、导线点、钻孔等，该几何图形的中心即代表地物中心的位置。

②宽底符号，里程碑、岗亭等，该符号底线的中点为地物中心的位置。

③底部为直角形的符号，如独立树、加油站，该符号底部直角顶点为地物中心的位置。

④不规则的几何图形，又没有宽底和直角顶点的符号，山涧、窑洞等，该符号下方两端点连线的中点为地物中心的位置。

3. 半比例符号

一些带状延伸地物，小路、通信线、管道、垣栅等，这种长度可按比例缩绘，而宽度无法按比例表示的符号称为线形符号。线形符号的中心线即是实际地物的中心线。

4. 填充符号

填充符号是用于表示农业场地、森林、自然地域等范围内的主要植被类型和品质等的符号，按一定的间隔和规定的大小均匀地绘制在相应的区域内，其地域轮廓的大小是依比例测绘的，而充填的单个符号既不表示物体的大小，也不表示物体的实际位置，称为充填符号，又称为面积符号。其轮廓一般用地类界表示，而充填符号则用规定的符号和一定的文字和数字说明，以进一步表示物体的高度和属性，如旱地、荒地、菜地、灌 1.5、桦 5.0。

8.3.3　地貌符号

地形图上表示地貌的主要方法是等高线。一般在计曲线上注记等高线的高程；在谷地、鞍部、山头及斜坡方向不易判读的地方和凹地的最高、最低一条等高线上，绘制与等高线垂直的短线，称为示坡线，用以指示斜坡降落方向。地貌的具体表示方法在后面将详细介绍。

8.3.4 注记符号

有些地物除了用相应的符号表示外,对于地物的性质、名称等在图上还需要用文字和数字加以注记,房屋的结构、层数,地名,道路名称,单位名,计曲线的高程,碎部点高程,独立性地物的高程以及河流的水深、流速等。

<h1 style="text-align:center">任务 8.4　地貌的表示</h1>

8.8 等高线的绘制

在图上表示地貌的方法很多,测量工作中通常用等高线表示,因为用等高线表示地貌,不仅能表示地面的起伏形态,而且还能科学地表示出地面的坡度和地面点的高程。

等高线又分为首曲线、计曲线、间曲线和助曲线。在计曲线上注记等高线的高程;在谷地、鞍部、山头及斜坡最高、最低的一条等高线上还需用示坡线表示斜坡降落方向;当梯田坎比较缓和且范围较大时,也可以用等高线表示。在此主要介绍用等高线表示地貌的方法。

8.4.1 等高线的概念

等高线就是由地面上高程相同的相邻点所连接而成的闭合曲线。如图 8.11 所示,有一座位于平静湖水中的小山,山顶与湖水的交线就是等高线,而且是闭合曲线,交线上各点高程必然相等(53 m);当水位下降 1 m 后,水面与小山又截得一条交线,这就是高程为 52 m 的等高线。依此类推,水位每降落 1 m,水面就与小山交出一条等高线,从而得到一组高差为 1 m 的等高线。设想把这组实地上的等高线铅直地投影到水平面图上去,并按规定的比例尺缩绘到图纸上,就得到一张用等高线表示该小山的地貌图。

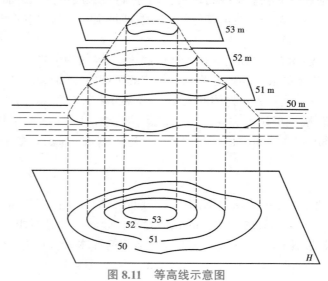

图 8.11　等高线示意图

8.4.2 等高距和等高线平距

相邻等高线之间的高差,称为等高距,常以 h 表示。在同一幅图上,等高距是相同的。

相邻等高线之间的水平距离称为等高线平距,常以 d 表示。同一张地形图内,等高距是相同的,所以等高线平距 d 的大小直接与地面的坡度有关。如图 8.12 所示,地面上 CD 段的坡度大于 BC 段,其等高线平距 cd 就比 bc 小;相反,地面上 CD 段的坡度小于 AB 段,其等高线平距就比 AB 段大。也就是说,等高线平距越小,地面坡度越陡,图上等高线就显得越密集;反之,则比较稀疏;地面坡度均匀时,等高线平距相等。根据等高线的疏密,可以判断地面坡度的缓与陡。

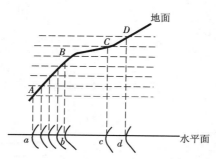

图 8.12 等高线平距与地面坡度的关系

等高距越小,显示地貌就越详尽;等高距越大,所显示的地貌就越简略。但是事物总是一分为二的,等高距越小,图上的等高线很密,将会影响图面的清晰醒目。因此,等高距的大小应根据测图比例尺与测区地形情况进行选择。

8.4.3 用等高线表示的几种典型地貌

地面上地貌的形态是多样的,对它进行仔细分析会发现:无论地貌怎样复杂,不外乎是几种典型地貌的综合。了解和熟悉用等高线表示的典型地貌的特征,有助于识读、应用和测绘地形图。

1. 山头和洼地

图 8.13(a)为山头的等高线;图 8.13(b)为洼地的等高线。山头和洼地的等高线都是一组闭合曲线。在地形图上区分山地或洼地的准则是凡内圈等高线的高程注记大于外圈者为山头,小于外圈者为洼地。

如果等高线上没有高程注记,则用示坡线表示。示坡线是垂直于等高线而指示坡度降落方向的短线。图 8.13(a)中示坡线从内圈指向外圈,说明中间高,四周低,为山丘。图 8.13(b)中示坡线从外圈指向内圈,说明中间低,四周高,为洼地。

2. 山脊和山谷

山脊是顺着一个方向延伸的高地。山脊上最高点的连线称为山脊线。山脊的等高线表现为一组凸向低处的曲线,如图 8.14(a)所示。

山谷是沿着一个方向延伸的洼地,位于两山脊之间。贯穿山谷最低点的连线称为山谷线。山谷等高线表现为一组凸向高处的曲线,如图 8.14(b)所示。

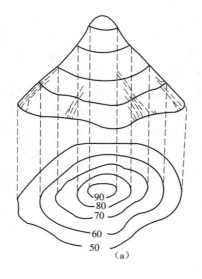

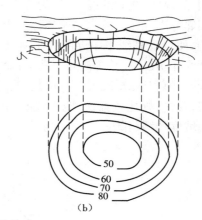

图 8.13　山头和洼地

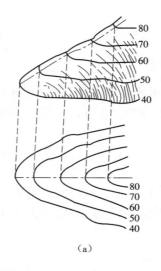

（a）

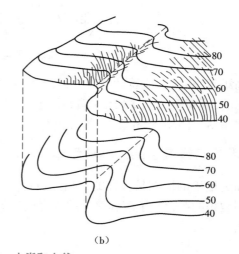

（b）

图 8.14　山脊和山谷

3. 鞍部

鞍部就是相邻两山头之间呈马鞍形的低凹部位，如图 8.15 所示。鞍部（S 点处）是两个山脊与两个山谷会合的地方，鞍部等高线的特点是在一圈大的闭合曲线内，套有两组小的闭合曲线。

4. 陡崖和悬崖

陡崖是坡度在 70°~90° 的陡峭崖壁，有石质和土质之分。若用等高线表示将非常密集或重合为一条线，因此采用陡崖符号来表示，如图 8.16(a)所示。

悬崖是上部突出、下部凹进的陡崖。上部的等高线投影在水平面时，与下部的等高线相交，下部凹进的等高线用虚线表示，如图 8.16(b)所示。

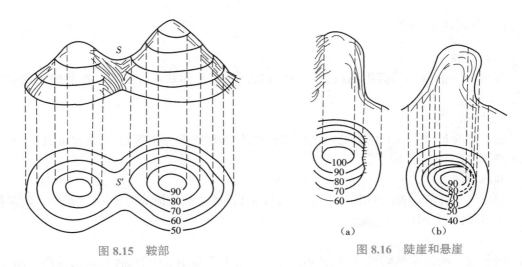

图 8.15　鞍部　　　　　　　　　　　　图 8.16　陡崖和悬崖

　　还有某些特殊地貌,冲沟、滑坡等,其表示方法参见地形图图式。

　　了解和掌握了典型地貌等高线,就不难读懂综合地貌的等高线图。图 8.17(a)为某一地区综合地貌,图 8.17(b)为相应等高线图,读者可自行对照阅读。

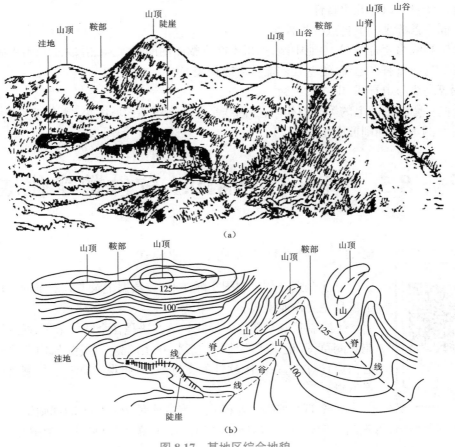

图 8.17　某地区综合地貌

8.4.4　等高线的分类

1. 首曲线

按地形图的基本等高距测绘的等高线称首曲线，又称基本等高线。首曲线用细实线描绘。

2. 计曲线

为读图时量算高程方便起见，每隔4根首曲线加粗描绘一根等高线，称计曲线，又称加粗等高线。

3. 间曲线

为了显示首曲线表示不出的地貌特征，按 $h/2$ 基本等高距描绘的等高线称间曲线，又称半距等高线，图上用长虚线描绘。

4. 助曲线

间曲线无法显示地貌特征时，还可以按 $h/4$ 基本等高距描绘等高线，叫做辅助等高线，简称助曲线，图上用短虚线描绘。间曲线和助曲线可不闭合。

8.4.5　等高线的特性

等高线具有以下几个特性。

①同一条等高线上各点的高程相等。

②等高线为闭合曲线，不能中断，如果不在本幅图内闭合，必在相邻的其他图幅内闭合。

③等高线只有在悬崖、绝壁处才能重合或相交。

④等高线与山脊线、山谷线正交。

⑤同一幅地形图上的等高距相同，等高线平距大表示地面坡度小，等高线平距小表示地面坡度大，平距相同则坡度相同。

任务 8.5　南方 CASS10.1 软件数字化成图

8.9 地形图的整饰 1

8.5.1　全野外数字测图的作业模式

目前全野外数字测图实际作业，按数据记录方式的不同可以分为以下三种主要作业模式。

①绘制观测草图作业模式。该方法是在全站仪采集数据的同时，绘制观测草图，记录所测地物的形状并注记测点顺序号，内业将观测数据通信至计算机，在测图软件的支持下，对照观测草图进行测点连线及图形编辑。

②碎部点编码作业模式。该方法是按照一定的规则给每一个所测碎部点一个编码，每观测一个碎部点需要通过仪器（或手簿）键盘输入一个编号，每一个编

号对应一组坐标 (X,Y,H)，内业处理时将数据传输到计算机，在数字成图软件的支持下，由计算机进行编码识别，并自动完成测点连线形成图形。

③电子平板（或 PDA）作业模式。该模式是将电子平板（笔记本电脑）或 PDA 手簿通过专用电缆与全站仪的数据输出口连接，观测数据直接进入电子平板或 PDA 手簿，在成图软件的支持下，现场连线成图。

8.5.2　地形碎部点测量的主要方式

上述三种数字测图作业模式，都需要采集地形碎部点的平面坐标和高程数据，要用到的仪器和方法主要有：全站仪采集碎部点；GNSS RTK 采集碎部点；GNSS RTK 与全站仪相结合采集碎部点。

上述三种方式是目前大比例尺数字地形图测绘中所用到的主要方法，其实质是采集地形碎部点位置的平面坐标和高程数据。事实上，数字化测图不仅要采集地形特征点的三维坐标，同时也要采集点位的属性信息和点之间连接关系。

8.5.3　南方 CASS10.1 软件数字化成图

南方 CASS10.1 系统是广州南方测绘科技股份有限公司在 AutoCAD 平台下开发的一套集地形、地籍、空间数据建库、工程应用、土石方算量等功能为一体的软件系统。广泛应用于土地测绘、城市规划、建筑设计等领域，可以帮助用户高效地完成各种测绘任务，需搭配 AutoCAD 软件使用。

1.CASS10.1 主界面

运行 CASS10.1 之前必须先将"软件狗"插入 USB 接口，启动 CASS10.1 后弹出操作主界面如图 8.18 所示。南方 CASS10.1 软件的绘图界面由菜单面板、CASS 属性面板、CAD 工具栏、CASS 工具栏、CASS 屏幕菜单栏、命令栏和绘图窗口等部分组成。

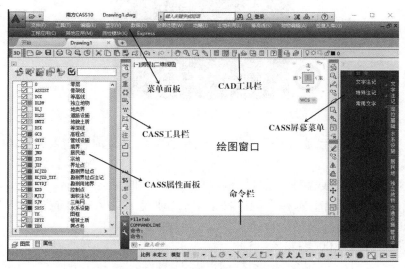

图 8.18　南方 CASS10.1 主界面

绘图窗口是图形编辑和图形显示的窗口,用户在该区域内进行图形编辑操作。界面中最下面一行是键入命令行,操作时要随时注意命令行的提示。有些命令有多种执行途径,用户可根据自己喜好灵活选用快捷工具按钮、下拉菜单或在命令行输入命令。

2. 地物绘制

绘制地物的符号通常分为三类:独立点状符号、普通线型符号和复杂线型符号。要将这些地物符号绘制在图上,CASS10.1 提供了三种绘制方法:屏幕菜单绘制、CASS 实用工具栏绘制和命令行绘制。

下面以屏幕菜单方法介绍如何绘制地物。CASS10.1 屏幕的右侧设置了"屏幕菜单",这是一个测绘专用交互绘图菜单。屏幕菜单中设有"文字注记""定位基础""水系设施""居民地""独立地物""交通设施""管线设施""境界线""地貌土质""植被土质"十类地物类别显示方式。绘制地物时同样需结合野外草图进行绘制。

(1)居民地绘制

选择右侧屏幕菜单的"居民地/一般房屋",在弹出的对话框中左键单击"四点一般房屋",再点击"确定",如图 8.19。根据命令行提示输入相应的测点点号。直到所测房角点绘制完成(最后一点选择 C 闭合),最后选择房屋结构和楼层数。

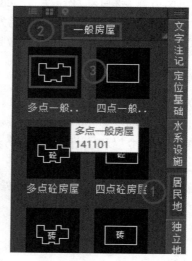

图 8.19　屏幕菜单绘制多点房屋对话框

选择房屋绘制方式后,必须按照测点分布情况顺时针或逆时针输入点号。

(2)地貌土质绘制

地貌土质包括等高线、高程点、自然地貌和人工地貌四大类。

以加固陡坎绘制为例:选择右侧屏幕菜单的"地貌土质/人工地貌",选择"加固陡坎"(如图 8.20),命令区提示:

输入坎高:(米)<1.000>:输入 1.5。

第一点:<跟踪 T/区间跟踪 N>:鼠标捕捉第 31 号点。

曲线 Q/边长交会 B/跟踪 T/区间跟踪 N/垂直距离 Z/平行线 X/两边距离 L/<指定点>:鼠

标捕捉第 52 号点。

曲线 Q/边长交会 B/跟踪 T/区间跟踪 N/垂直距离 Z/平行线 X/两边距离 L/隔一点 J/微导线 A/延伸 E/插点 I/回退 U/换向 H<指定点>：鼠标捕捉第 51 号点。

曲线 Q/边长交会 B/跟踪 T/区间跟踪 N/垂直距离 Z/平行线 X/两边距离 L/闭合 C/隔一闭合 G/隔一点 J/微导线 A/延伸 E/插点 I/回退 U/换向 H<指定点>：鼠标捕捉第 30 号点,陡坎结束,直接"回车"。

拟合线<N>?：键盘输入 N,表示不拟合成曲线。

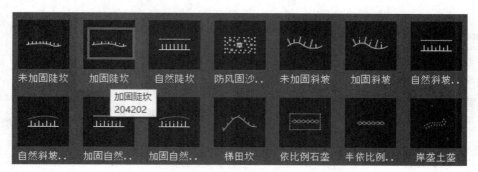

图 8.20　用屏幕菜单绘制坡坎

绘制完成的加固陡坎如图 8.21。

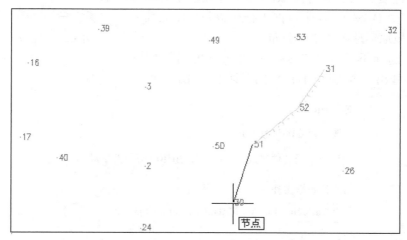

图 8.21　加固陡坎

3. 等高线绘制

在南方 CASS10.1 中,等高线的绘制步骤是先展高程点,根据高程点生成数字地面模型（DTM）,然后在数字地面模型上生成等高线,最后对等高线进行编辑和注记,最终完成等高线的绘制。

（1）展高程点

用鼠标左键点取顶部菜单栏"绘图处理/展高程点",弹出"数据文件"对话框,如图

8.22,选定野外测量数组文件后确定,命令区提示:注记高程点的距离(m),根据规范要求输入高程点注记距离(注记高程点的密度),直接回车默认为不对高程点注记进行取舍,全部展绘出来。

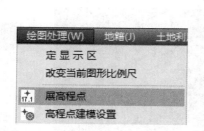

图 8.22 "数据文件"对话框

（2）建立 DTM

数字地面模型(DTM)是在一定区域范围内规则格网点或三角网点的平面坐标(x, y)和地物性质的数据集合,如果此地物性质是该点的高程,则此数字地面模型又称为数字高程模型(DEM)。这个数据集合从微分角度三维地描述了该区域地形地貌的空间分布。

图 8.23 "建立三角网"菜单

用鼠标选择下拉菜单"等高线/建立三角网",如图8.23,系统会弹出一个"建立 DTM"的对话框,如图8.24。

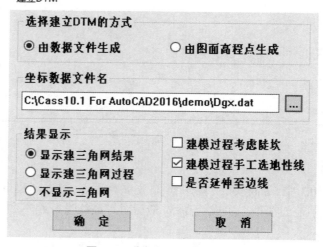

图 8.24 "建立 DTM"对话框

用鼠标点选"由数据文件生成",选择测量数据文件后,单击"确定"即可绘制出三角网,如图 8.25。

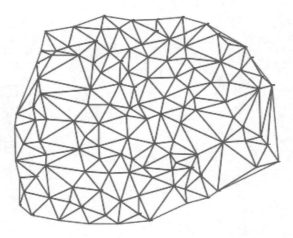

图 8.25　用数据文件生成的三角网

（3）绘制等高线

对三角网进行修改完善后，就可以绘制等高线了。用鼠标选择下拉菜单"等高线/绘制等高线"，弹出对话框如图 8.26。

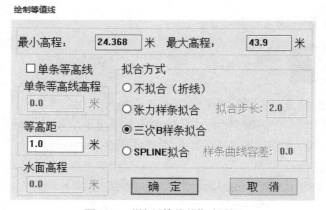

图 8.26　"绘制等值线"对话框

对话框中会显示参加生成 DTM 的高程点的最小高程和最大高程。输入等高距和选择等高线的拟合方式。考虑到等高线显示效果和运算速度，选择"三次 B 样条拟合"较为合适。也可选择"不拟合"，再用"批量拟合"功能对等高线进行拟合。

当命令区显示：绘制完成！便完成绘制等高线的工作，绘制的等高线如图 8.27。

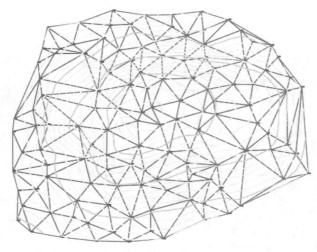

8.10 地形图的整饰 2

图 8.27　完成绘制等高线

等高线绘制完成后,可利用"等高线/删三角网"来删除三角网方便修剪等高线。

（4）等高线编辑修饰

等高线绘制结束后,需要对等高线进行编辑,使其符合规范要求,等高线编辑包括等高线的注记与等高线修剪。利用"等高线/等高线注记"和"等高线/等高线修剪"子菜单对等高线进行编辑。

此时,地形图的等高线就绘制好了。

课后思考 📍

1. 何为比例尺的精度？它对用图和测图有什么指导作用？

2. 比例符号、非比例符号和半比例符号各在什么情况下应用？

3. 何为等高线、等高线距、等高线平距？等高线平距与地面坡度的关系如何？

4. 等高线有哪些特性？

5. 简述南方 CASS10.1 数字成图软件界面的主要组成部分有哪些。

项目 9

地形图的应用及土石方工程施工测量

 项目概述

本项目主要介绍如何识读地形图；地形图在工程上有哪些应用；地形图上如何确定坐标高程；地形图上如何量算面积；地形图在土石方工程方面的应用。

学习目标

知识目标：掌握地形图的识读方法；掌握地形图上确定坐标高程的方法；了解地形图上量算面积的方法；了解在地形图进行土石方计算的方法和步骤。

技能目标：能正确识读地形图；能在地形图上求出坐标和高程；能在地形图上正确地量算面积；能用地形图完成土石方计算。

素养目标：①培养不畏艰辛、吃苦耐劳的测绘精神；②注重养成认真细致、精益求精的工作作风；③逐步培养沟通交流的习惯、分工协作的团队意识。

关键内容

重点：如何识读地形图；地形图在工程上有哪些应用；地形图上如何确定坐标高程；地形图上量算面积；地形图在土石方工程方面的应用。

难点：地形图上量算面积；地形图在土石方工程方面的应用。

任务 9.1　大比例尺地形图的识读

课程思政：学以致用，遥感时空脉搏

9.1 等高线识别典型地貌

为了正确地应用地形图，必须学会识读地形图。

9.1.1　地形图图廓外注记

地形图的图廓外有许多注记，图名、图号、接图表、比例尺、图廓线、坐标格网、"三北"方向线和坡度尺等。

1. 图名、图号和接图表

为了找图、用图的方便、直观，每一幅图都进行了命名，即图名。图名一般是用本图幅内最著名的地名，如图幅内最大的村庄、集镇、工厂来命名，或者用突出的地物、地貌等的名称来命名。除图名外，为了清楚本图幅和相邻图幅的位置和拼接关系，每一幅地形图上都编有图号，图号是根据统一的分幅编号方法按顺序进行编写的。图名、图号均注记在北图廓上方的中央。

在图的北图廓左上方,画有本幅图与四邻各图幅的关系略图,称为接图表。中间一格画有斜线的部分代表本图幅,四邻各格中分别注明了相应图幅的图号(或图名)。根据接图表中各图幅的相邻关系,可方便找到相邻的图幅,如图 9.1 的图廓上方所示。

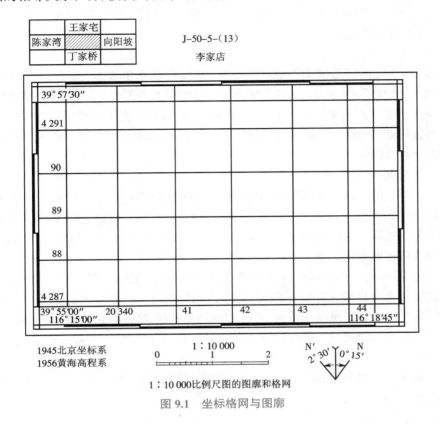

图 9.1　坐标格网与图廓

2. 比例尺

在每幅图的南图框外的中央均注有测图的数字比例尺,并在数字比例尺下方绘出直线比例尺,利用直线比例尺,可以用图解法确定图上的直线距离,或将实地距离换算成图上长度。

3. 经纬度标网

图 9.1 所示为一幅 1∶10 000 比例尺的地形图图廓样式。梯形图幅的图廓由上、下两条纬线和左、右两条经线构成。对于 1∶10 000 的图幅,经差为 3′45″,纬差为 2′30″。本图幅位于东经 116° 15′00″~116° 18′45″、北纬 39° 55′00″~39° 57′30″ 所包括的范围。图廓四周标有黑、白分格,横分格为经线分数尺,纵分格为纬线分数尺,每格表示 1′ 的经差(或纬差)。如果用直线连接相对的同名分数尺,即得到由子午线和平行圈构成的梯形经纬线格网。

图 9.1 中的方格网为平面直角坐标格网,是平行于以投影带的中央子午线为 x 轴和以赤道为 y 轴的直线,1∶10 000 比例尺地形图其间隔是 1 km,称为公里格网。

按照直角坐标系的规定,横坐标值 y 位于中央子午线以西为负。为了避免横坐标出现负值,将每一带的纵坐标轴西移 500 km,同时在点的坐标值前直接标明所属投影带的带号。

图 9.1 中,第一条坐标纵线的通用值为 20 340 km,其中,20 为带号,横坐标值的自然值为
(340-500)km=-160 km,该线位于中央子午线以西 160 km 处。图中第一条坐标横线值为
4 287 km,表示该线位于赤道以北 4 287 km 处。

经纬线格网可以确定各点的地理坐标。公里格网可以用来确定图上任一点的平面直角
坐标和任一直线的方位角。

4."三北"方向线关系图

在许多中、小比例尺图的南图廓线右下方,还绘有真子午线 N、磁子午线 N′和纵坐标
轴,这三者的角度关系图,称为"三北"方向线。见图 9.1 右下角。该图幅中,磁偏角(磁子
午线方向与真子午线的夹角)为 2° 45′(西偏);坐标纵线偏于真子午线以西 0° 15′;磁子午线
偏于坐标纵线以西 2° 30′。利用该关系,可对图上任一方向的真方位角、磁方位角和坐标方
位角三者进行相互换算。

5. 坐标系和高程系统

如图 9.1 左下角所示,坐标系和高程系统亦是图纸中不可缺少的内容。知道测图所用
的坐标系统和高程系统可以避免不同系统中点的比对的错误。我国国土辽阔,各地所使用
的坐标系统不尽相同。常用的国家统一坐标系统有 1954 年北京坐标系统、WGS-84 坐标系
统以及各地的城建坐标系统等。

为了防止不同地方点的高程比对的错误,必须清楚测量的高程系统,只有同一个高程
系统中的点才能直接比较相互间的位置高低,否则必须通过换算后才能比较。我国现在用
的高程系统有:1956 年黄海高程系统,水准原点的高程为 72.289 m;1985 年国家高程基准,
水准原点的高程为 72.260 m。有的地方还在使用较老的高程系统,吴淞高程系统等。

6. 坡度比例尺

坡度比例尺是一种在地形图上量测地面坡度和倾角的图解工具,如图 9.2 所示。它按
下列关系制成

$$i = \tan\delta = \frac{h}{dM} \tag{9.1}$$

式中　　i——地面坡度;

　　　　δ——地面倾角;

　　　　h——等高距;

　　　　d——相邻等高线平距;

　　　　M——比例尺分母。

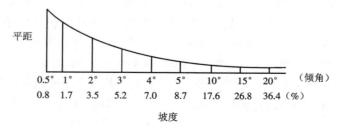

图 9.2　坡度比例尺

坡度比例尺的使用方法:用分规两脚尖卡出地形图上相邻等高线的平距后,再将分规移至坡度比例尺上,用一个脚尖对准下面底线,另一脚尖落于垂直于底线方向的曲线某一点上,可在分规落脚点的底线下读出地面倾角 δ (度数)和坡度 i (百分比值)。

7. 测图时间和测图单位

地形图上应注明测图时间和测图单位。地形图的内容反映测图时的地面情况,根据测图时间可以基本判定图上内容与现状的差距大小,再结合实地情况,便可知道补测、修测的内容和量的多少。知道测图单位对于了解与测图相关的情况是有用的。

9.1.2　地物的判读

地形图上的地物是根据地物的符号和注记来判读的,因此,测量人员一定要对常用地形图符号很熟悉。识读一幅地形图中的地物,一般从房屋比较集中的地方(如集镇、居民地)开始,沿着公路、铁路或河流延伸开去,了解测区内的集镇、工矿、学校、医院的分布,理清测区内的交通线的类别及走向,了解测区内的河流、水系的分布及流向等。对于大比例尺地形图,一幅图所包括的实地面积较小,地物表示也较详细,识读起来比较容易。如果地形图的比例尺较小时,识读地形图则相对困难一些。不论地形图比例尺的大小,地物表示的详略,对地形图的熟悉程度是读图的关键。

9.1.3　地貌的判读

根据等高线的特性和等高线上的注记,找出图中的山脊、山谷等特征地貌,根据山脊线的连续和延伸判读出山势的走向,根据山谷线的延伸判读出水系的分布。这样,根据地性线构成的地貌骨架,对实地地貌有一个总体了解,再在此基础上判读出图幅内地貌的高低分布,判断出山头、鞍部及测区内的最高点,识读出盆地及测区内的最低点。根据等高线上的注记及等高线疏密程度的相互比较,读出地面坡度的变化情况和地面的陡缓分布。

地形图的实地判读,首先将地形图的方向与实地方向统一起来,看清实地总体地貌与图上的位置对应关系;然后,根据实地年代稍长的标志性地物(房屋、道路、河流),找到其图上的位置,再根据相邻地物关系,判读出周围的地物,进而判读出本人所在图上位置。由此伸展开去,再识读出地形图上其他内容就比较容易了。

任务 9.2　地形图的基本应用

地形图的应用十分广泛,涉及国民经济建设的方方面面,特别是对于工程技术方面而言,地形图不仅是工程项目设计和施工的重要资料,更是解决工程技术问题不可缺少的资料。下面介绍一些应用地形图解决某些问题的基本方法。

9.2 根据等高线区分典型地貌

9.2.1 在地形图上确定点的平面坐标

在地形图上进行工程项目的规划设计时，必须知道图上一些重要地物的平面坐标，或者需要测量一些设计点位的坐标。欲在地形图上设计一幢房屋，为了控制和图上已有房屋之间的最小距，必须确定图上已有房屋离设计房屋最近一角点的坐标。由于确定点的坐标的精度要求不高，故仅用图解法在图上求解点的平面坐标即可。

如图 9.3 所示，欲求图上 P 点的平面坐标，首先过 P 点分别作平行于直角坐标纵轴线和横轴线的两条直线 gh、ef，然后用比例尺分别量取线段 ae 和 ag 的长度，为了防止错误，以及考虑图纸变形的影响，还应量出线段 eb 和 gd 的长度进行检核，即

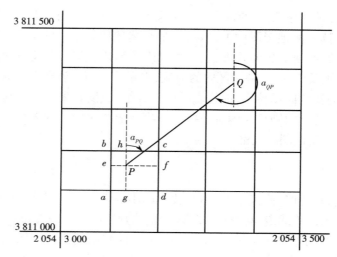

图 9.3　图解法

$$ae+eb=ag+gd=10\ cm$$

若无错误，则 P 点的坐标为

$$\left.\begin{aligned}
x_P &= x_a + ae \times M = 3\ 811\ 100 + 65.4 = 3\ 811\ 165.4\ m\\
y_P &= y_a + ag \times M = 20\ 543\ 100 + 32.1 = 20\ 543\ 132.1\ m
\end{aligned}\right\} \tag{9.2}$$

式中：x_a、y_a 为 P 点所在方格西南角点的坐标；M 为地形图比例尺的分母。

若图纸的伸缩过大，在图纸上量出方格边长（图上长度）不等于 10 cm 时，为提高坐标的量测精度，必须进行改正。这时 P 点的坐标可按下式计算

$$\left.\begin{aligned}
x_P &= x_a + \frac{10}{ab} \times ae \times M\\
y_P &= y_a + \frac{10}{ad} \times ag \times M
\end{aligned}\right\} \tag{9.3}$$

使用式（9.3）时，注意右端计算单位须一致。

9.2.2 求图上直线的坐标方位角

如图 9.3 所示，求直线 PQ 的坐标方位角，有以下两种方法。

1. 图解法

过 P 点作平行于坐标纵轴的直线,然后用量角器量出 a_{PQ} 的角值,即为直线 PQ 的坐标方位角。为了检核,同样还可量出 a_{QP},用式 $a_{PQ} = a_{QP} \pm 180°$ 校核。

2. 解析法

在图 9.3 上量得 P、Q 的坐标,再按下式计算

$$\tan a_{PQ} = \frac{y_Q - y_P}{x_Q - x_P}$$

则

$$a_{PQ} = \arctan \frac{\Delta y_{PQ}}{\Delta x_{PQ}} \tag{9.4}$$

注意:因计算工具的不同,用该式算出的角度值不一定就是 PQ 直线的方位角,还应根据坐标增量的正、负以及方位角和象限角的关系判断和确定 PQ 直线方位角的值。

9.2.3   求图上两点间的水平距离

如图 9.3 所示,求图上 PQ 直线的水平距离,有以下两种方法。

1. 图解法

用三棱比例尺直接量取 PQ 两点间的实地距离,或用直尺量取图上 PQ 线段的长度再乘以比例尺分母得到 PQ 两点间的实地距离。

2. 解析法

先确定 P、Q 两点坐标,再按下式计算两点水平距离

$$S_{PQ} = \sqrt{\left(x_Q - x_P\right)^2 + \left(y_Q - y_P\right)^2} \tag{9.5}$$

或

$$S_{PQ} = \frac{x_Q - x_P}{\cos a_{PQ}} = \frac{y_Q - y_P}{\sin a_{PQ}} \tag{9.6}$$

9.2.4   在地形图上确定点的高程和两点间的坡度

1. 在地形图上确定点的高程

地形图上点的高程是根据等高线确定的。如果所求点恰好位于某一根等高线上,该点的高程就等于所在等高线的高程。如图 9.4 中 E 点位于 54 m 等高线上,故 E 的高程为 54 m。如果所求点位于两根等高线之间,可以按比例关系求得其高程。如图 9.4 中 F 点位于 53 m 和 54 m 两根等高线之间,求该点高程的方法为:通过 F 点作一大致与两根等高线相垂直的直线,交 53 m、54 m 两根等高线于 m、n 点,从图上量得 $mn=d$,$mF=d_1$,设等高距为 h,则 F 点的高程为

$$H_F = 53 + \frac{d_1}{d} \times h \tag{9.7}$$

或

$$H_F = 54 - \frac{Fn}{d} \times h \qquad (9.8)$$

2. 在地形图上确定两点间的坡度

欲求地形图上两点间的坡度,首先必须求得两点间的水平距离 D 和高差 h,然后,按下式计算两点间的坡度

$$i = \tan\delta = \frac{h}{D} \qquad (9.9)$$

式中:δ 为地面的倾角;坡度 i 一般用百分率表示。

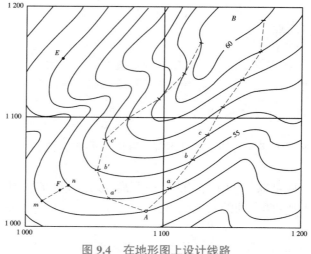

图 9.4　在地形图上设计线路

9.2.5　在地形图上设计等坡线

在山地或丘陵地区进行道路、管线等工程设计时,往往要求在不超过某一坡度 i 的条件下选定一条最短线路,如图 9.4 所示,需从 A 点到高地 B 点定出一条路线,要求坡度限制为 3.3%。图中,等高距为 1 m,根据式(9.9)求变形后计算符合该坡度的相邻等高线间平距为

$$D = \frac{h}{i} = \frac{1}{0.033} = 30 \text{ m}$$

将所求平距 D 按图纸比例尺缩小求出图上长度(如地形图比例尺为 1∶500,则实地 30 m 所对应的图上距离为 6 cm),用两脚规截取算出的图上距离,然后在地形图上以 A 点为圆心,以此长度为半径用两脚规画弧,用两脚规截交 52 m 等高线,得到 a 点;再以 a 点为圆心,用两脚规截交 53 m 等高线,得到 b 点。依此进行,直至 B 点。然后连接相邻点,便得到 3.3%的等坡度路线。在该图上,按同样方法还可沿另一方向定出第二条路线 A—a'—b'—c'—…—B,可以作为一个比较方案。

任务 9.3　面积量算

建筑工程或地籍测量中,往往要测定地形图上某一区域的图形面积,汇水面积计算、土地面积计算及宗地面积计算等。面积计算的方法很多,主要有图形法、格网法、坐标解析法和求积仪法(电子求积仪、数字求积仪等)。

9.3.1　图形法

图形法就是将不规则的几何图形分解为若干个三角形、矩形或梯形等规则图形,如图 9.5 所示。然后再进行面积计算,计算公式如下。

三角形:$S = \dfrac{1}{2} d \cdot h$(S 为三角形面积,d 为三角形底边边长,h 为高)

矩形:$S = a \cdot b$(S 为矩形面积,a、b 为矩形边长)

梯形:$S = \dfrac{a+b}{2} \cdot h$(S 为梯形面积,a、b 为梯形的上下底边长,h 为高)

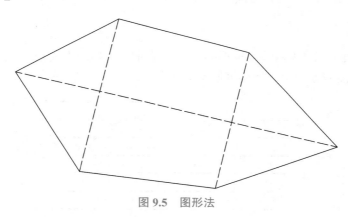

图 9.5　图形法

总面积是各分块面积之和。

9.3.2　格网法

格网法是利用事先绘制好的平行线、方格网或排列整齐的正方形网点的透明膜片,将其蒙在要量测的图纸上,从而求出不规则图形的面积。

1. 透明方格纸法

如图 9.6 所示,在图纸上画出欲测面积的范围边界,用透明的方格纸蒙在欲测面积的图纸上,统计出图纸上所测面积边界所围方格的整格数和不完整格数,然后用目估法对不完整的格数凑整成整格数,再乘每一小格所代表的实际面积,就可得到所测图形的实地面积。

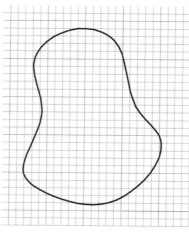

图 9.6　透明方格纸法求面积

2. 平行线法

如图 9.7 所示，用绘有间隔为 1 mm 或 2 mm 平行线的透明纸或膜片，覆盖在标明范围边界的欲测面积的图纸上，图纸上测算面积的范围被分割成许多高为 h 的等高梯形，量测各梯形的中线（图中虚线）长度 l_i，则该图形面积为

$$S = h\sum_{i=1}^{n} l_i \qquad\qquad (9.10)$$

式中：h 表示梯形的高；n 表示等高梯形的个数；l_i 表示各梯形的中线长。

最后将图上面积 S 依比例尺换算成实地面积。

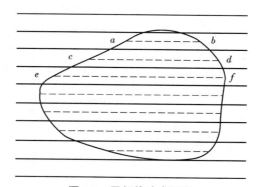

图 9.7　平行线法求面积

9.3.3　坐标解析法

坐标解析法是利用多边形各顶点的坐标计算其面积的一种方法。获得多边形顶点的坐标有实测法和图解法两种方法。如图 9.8 所示，为一任意四边形，1、2、3、4 为多边形的顶点。多边形的每一条边和坐标轴、坐标投影线（图中虚线）组成一个个梯形。从图中可以看出，多边形 1234 的面积为矩形 ABCD 的面积减去①、②、③、④四个三角形的面积。将多边形 1234 的面积用算式表示为

$$P = (x_2 - x_4)(y_3 - y_1) - \frac{1}{2}[(x_1 - x_4)(y_4 - y_1) + (x_2 - x_1)(y_2 - y_1) + (x_2 - x_3)(y_3 - y_2) +$$
$$(x_3 - x_4)(y_3 - y_4)]$$

经整理后多边形 1234 的面积可表示为

$$P = \frac{1}{2}\sum_{i=1}^{n} x_i(y_{i+1} - y_{i-1}) \tag{9.11}$$

式中:n 为多边形的边数。

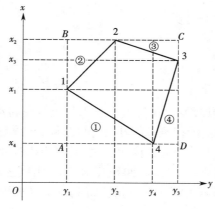

图 9.8　坐标解析法求面积

当 $i = 1$ 时,用 y_n 代替 y_{i-1};当 $i = n$ 时,用 y_1 代替 y_{i+1}。由于整理的方式不同,多边形 1234 的面积还可表达成如下式

$$P = \frac{1}{2}\sum_{i=1}^{n} y_i(x_{i-1} - x_{i+1}) \tag{9.12}$$

注意:当 $i = 1$ 时,用 x_n 代替 x_{i-1};当 $i = n$ 时,用 x_1 代替 x_{i+1}。

如今,测量人员多在软件中根据点的坐标绘制图形,再用软件查询图形的面积,其实质就是软件用上述公式自动完成图形平面面积的计算,供大家查询。如在 CAD 软件中查询面积时,用菜单"工具"→"查询"→"面积",再选择图形对象,即可得到图形的面积。

9.3.4　求积仪法

求积仪种类较多,一般可分为两类,机械式求积仪(如图 9.9 所示)和电子求积仪(如图 9.10 所示)。求积仪的主要构件有极臂、描迹臂及计数器。极臂的一端有一重锤,中心有一短针,称为极点。极臂的另一端有一插销,可插入描迹臂一端的插销孔中,使极臂同描迹臂成为一个整体。在描迹臂的另一端有一个描迹针,描迹针旁有一个支撑描迹针的小圆柱和一个手柄,用制动螺旋和微动螺旋可把接合套和描迹臂连接在一起。计数器主要由计数圆盘、测轮和游标三部分组成。

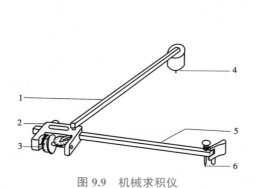

图 9.9　机械求积仪

1—极臂;2—框架;3—测轮;4—极点;5—描迹臂;6—描迹针

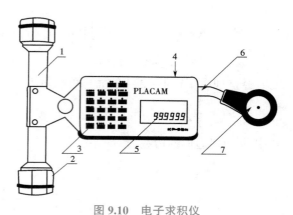

图 9.10　电子求积仪

1—动极轴;2—动极;3—功能键;4—整流器插座;
5—显示窗;6—跟踪臂;7—跟踪放大镜

求积仪测定图形面积的原理:面积的大小与求积仪测轮转动的弧长成正比。其方法是将求积仪的极点固定在图板上的待测范围外,将描迹针移至欲测图形边界的某一点上,作一记号,在记数盘、测轮和游标上读出起始读数 n_1,然后拿出描迹针旁的手柄,使描迹针按顺时针方向绕图形边界线缓慢匀速移动,最后回到开始点,读出终止读数 n_2。两次读数之差(n_2-n_1),即为描迹针绕图形一周测轮滚转的格数。将此数乘以求积仪的分划值 C,便得到图形的面积

$$P=C(n_2-n_1) \tag{9.13}$$

电子求积仪又称数字式求积仪,是在机械式求积仪的基础上,增加了电子脉冲计数设备和微处理器,量测结果能自动显示,可作比例换算、面积单位换算等,具有量测范围大、精度高、功能多、使用方便等优点。

任务 9.4　断面图绘制

如果我们有大比例尺地形图,就可在图上进行工程设计。工程设计中,需要知道沿某一方向的地面起伏情况时,可按此方向直线与等高线交点求得平距与高程,绘制断面图。

为了明显地表示地面的起伏变化,高程比例尺通常取水平距离比例尺的 5~10 倍。

南方 CASS 软件中,绘断面图的方法有"根据已知坐标"、"根据里程文件"、"根据等高线"、"根据三角网"四种方式。各种方法大同小异,下面以使用较多的"根据等高线"绘制断面图为例来说明如何操作。

点击"绘断面图"的"根据等高线"子菜单(如图 9.11),按命令区提示操作。

图 9.11　绘断面图菜单

选取断面线：鼠标选择如图 9.12 所示的断面图（用多段线绘制）；系统会弹出"绘制纵断面图"对话框如图 9.13，在其中设置断面图比例、断面图位置、起始里程、高程标注位数和里程高程注记位置等数据，点击"确定"，即可在指定位置绘制断面图（如图 9.14 所示）。

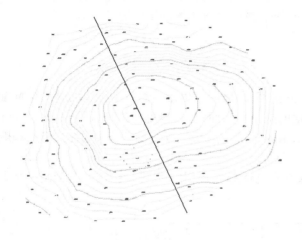

图 9.12　选取断面线

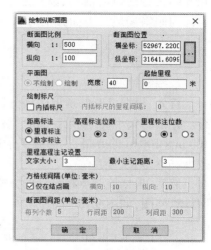

图 9.13　"绘制纵断面图"对话框

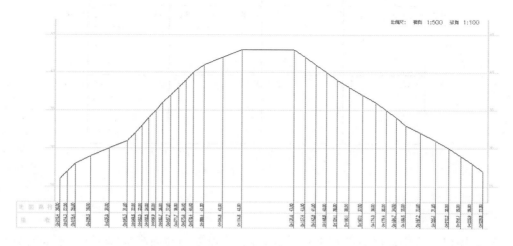

图 9.14　断面图

任务 9.5　土石方工程量计算

　　地面的自然地形并非总能满足建筑设计的要求,所以在建筑施工前,有必要改造地面的现有形态。特别是为了保证生产运输有良好的联系及合理地组织场地排水,必须要按竖向布置设计的要求,对建筑场地或整个厂区的自然地形加以平整改造。

　　场地平整测量的内容有实测场地地形,按填挖土方平衡原则进行竖向设计计算,最后进行现场高程放样,作为平整场地的依据。

　　场地平整测量常采用的方法有方格网法、等高线法、断面法等。根据场地的地形情况和实际工程建设的需要,高低起伏不大的场地一般设计为水平场地,起伏较大的场地一般设计为倾斜场地。下面分别对水平场地的平整和倾斜场地的平整方法予以说明。

9.5.1　设计为水平场地的平整

1. 格网绘制

　　首先,根据已有的地形图划分若干方格网,方格网边尽量与测量坐标系的纵横坐标轴平行。方格的大小视地形情况和平整场地的施工方法而定,一般机械施工采用 50 m × 50 m 或 100 m × 100 m 的方格,人力施工采用 20 m × 20 m 的方格。为了便于计算,各方格点一般都按纵、横行列编号。

　　然后,根据控制点将设计的方格网点测设到实地上,用木桩进行标定。并绘制一张方格网计算略图,如图 9.15 所示

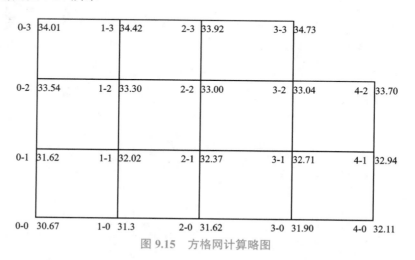

图 9.15　方格网计算略图

2. 填挖方界线确定

（1）测量各方格网点的地面高程

根据场地内或附近已有的水准点,测出各方格点处的地面高程(取位至厘米),分别标

注在图上各方格点旁(见图 9.15)。测量方法可采用间视水准测量,将水准仪置于场地中央,依次读取水准点和各方格点上的标尺读数,最后经计算求得各方格点的地面高程。

（2）计算各方格点的设计高程

计算设计高程的目的是求得各点的填(挖)高度,确定场地上的填、挖分界线。

在填挖土方量平衡的前提下,将场地平整成水平面,此水平面的设计高程应等于现场地面的平均高程。

这里一定要注意,场地平均高程不能简单地取各方格点高程的算术平均值。因与各点高程相关的方格数不同,所以在计算设计高程时,应乘以每点高程所用的次数后,求其总和,再除以总共用的次数。要考虑各点高程在计算时所占比重的大小,进行加权平均。

若认为相邻各点间的地面坡度是均匀的,以 1/4 方格作为一个单位面积,定其权为 1。则方格网中各点地面高程的权分别是:角点为 1,边上点为 2,拐点为 3,中心点为 4(如图 9.16 所示)。这样,即可按加权平均值的算法,利用各方格网点的高程求得场地地面平均高程 H_0。

$$H_0 = \frac{\sum P_i \cdot H_i}{\sum P_i} \tag{9.14}$$

式中　H_i——方格点 i 的地面高程;

　　　P_i——方格点 i 的权。

也可以按如下公式计算

$$H_0 = \frac{\sum H_角 + 2\sum H_边 + 3\sum H_拐 + 4\sum H_中}{4n}$$

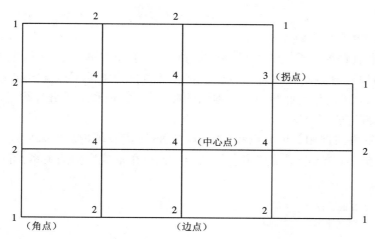

图 9.16　定权示意图

例 9.1　按图 9.15 所示图形计算场地的平均地面高程。

解:为了计算方便,以高程 30.00 m 为准,先求各点减去 30 m 后的平均高程值。

5 个角点的 PH 总和=1 × (0.67+2.11+3.70+4.73+4.01)=15.22

8 个边点的 PH 总和=2 × (1.13+1.62+1.90+2.94+3.92+4.42+3.54+1.62)=42.18

1 个拐点的 PH 总和 $=3 \times 3.04=9.12$

5 个中心点的 PH 总和$=4 \times (2.02+2.37+2.71+3.00+3.30)=53.60$

加上 30.00 m 后,地面平均高程为

$$H_0 = 30.00 + \frac{\sum P_i \cdot H_i}{\sum P_i} = 30.00 + \frac{15.22+42.18+9.12+53.60}{1 \times 5+2 \times 8+3 \times 1+4 \times 5} = 32.73 \text{ m}$$

场地要求平整为水平场地,则求得的场地平均高程 H_0 就是各点的设计高程。

(3)计算各方格点的填、挖高度

求得各方格网点的设计高程后,可计算各点处的填高或挖深的尺寸,称为填、挖高度(填挖数)。

填挖高度=设计高程-地面高程

式中:填挖高度为"+"时,表示是填土高度;填挖高度为"-"时,表示是挖土高度。各点的填挖高度注在相应方格点右下方,如图 9.17 所示。

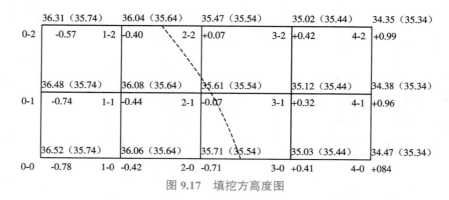

图 9.17　填挖方高度图

(4)填、挖分界线位置的确定

在相邻填方点和挖方点(如图 9.17 中的方格点 3-1 和方格点 2-1)之间,必定有一个不填不挖点,即为填挖分界点或称为"零点"。把相邻方格边上的零点连接起来,就是填挖分界线或称为"零线"(设计地面与原自然地面的交线)。零点和填挖分界线是计算填挖土方量和施工的重要依据。

"零点"位置可根据相邻填方点和挖方点之间的距离及填挖高度来确定。如图 9.18 所示,欲确定 3-1 至 2-1 方格边上的"零点",按照相似三角成比例的关系,可得"零点"至方格 2-1 距离 x 为

$$x = \frac{|h_1|}{|h_1|+|h_2|} \cdot l \tag{9.15}$$

式中　l——方格边长;

　　　h_1、h_2——方格点填(挖)高度。

已知方格边长为 20 m,按图中所示填(挖)数代入式(9.15),得 $x=3.6$ m。

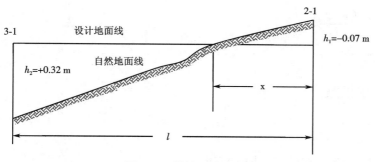

图9.18　填挖位置确定

图9.17中虚线就是依据式(9.15)计算出的各零点位置连成的填挖分界线。

3. 填挖方量计算

通过土方量计算,可以验证场地设计高程定的是否正确,同时根据算得的土方量可以作为工程投资费用预算的依据之一。

土方量是按方格逐格计算,然后将填、挖方分别求总和,填方量和挖方量在理论上应相等,但是,因计算中大多数采用近似公式,所以实际结果会略有出入。如相差较大时,须检查计算是否有错误。若计算无误,则说明确定的设计高程不太合适,应查明原因后重新计算。

各方格的填、挖方量计算可有两种情况:一种是整个方格为填方或挖方;另一种是方格中有填也有挖(填挖分界线位于方格中)。

整格为填(或挖)的可采用下式计算方格的填方(或挖方)量为

$$V_i = \frac{a+b+c+d}{4} \cdot l^2 \tag{9.16}$$

式中　a、b、c、d——方格四角点的填(或挖)土深度;

　　　l——方格边长。

当方格中有填有挖时,因填挖分界线在方格中所处的位置不同,故相应立体的底面形状又可归纳为如图9.19所示4种情况,计算体积时应分别对待。

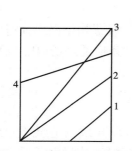

图9.19　填挖分界线投影

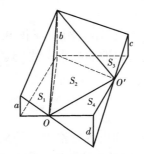

图9.20　不规则填挖锥形图

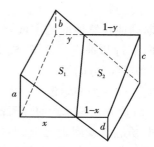

图9.21　棱柱体填挖图

第一种情况的立体图如图9.20所示,可将它分解为4个锥体,每个锥体的土方量分别按下式计算

$$\left.\begin{aligned} v_1 &= \frac{s_1 \cdot (a+b)}{3} \\ v_2 &= \frac{s_2 \cdot b}{3} \\ v_3 &= \frac{s_3 \cdot (b+c)}{3} \\ v_4 &= \frac{s_4 \cdot d}{3} \end{aligned}\right\} \tag{9.17}$$

式中　a、b、c、d——各方格的填（或挖）高度；

s_1、s_2、s_3、s_4——相应棱锥的底面积，可由零点到方格点的距离以及方格边长算得。

第二、第三种情况分别可按三个锥体和两个锥体来计算填挖土方量。

第四种情况的立方体如图9.21所示，可将其看成两个棱柱体，分别用下式计算立体的体积

$$\left.\begin{aligned} v_1 &= \frac{s_1}{4} \cdot (a+b) = \frac{1}{8} l(x+y)(a+b) \\ v_2 &= \frac{s_2}{4} \cdot (c+d) = \frac{1}{8} l(l-x) + (l-y)(c+d) \end{aligned}\right\} \tag{9.18}$$

以上计算是对致密土壤而言的，因填土是松土，所以实际计算总填方量时，还应考虑土壤的松散系数。

当填挖边界和土方量计算无误后，可根据土方量计算图，在现场用量距法定出各零点的位置，然后用白灰线将相邻零点连接起来，得到实地填挖分界线。

填挖深度要注记在相应的方格点木桩上，作为施工依据。

9.5.2　设计为倾斜场地的平整

为了将自然场地平整为有一定坡度 i 的倾斜场地，保证填挖方量基本平衡，可按下述方法确定填挖方分界线并求得填挖方量。

1. 格网绘制

根据场地自然地面的主坡倾斜方向绘制方格网（见图9.22），使纵横格网线分别与主坡倾斜方向平行和垂直。这样，横格线为斜坡面的水平线（其中一条应通过场地中心），纵格线为设计坡度的方向线。

2. 填挖边界线的确定

（1）测量各方格网点的地面高程

根据场地内或附近已有的水准点，测出各方格点处的地面高程（取位至厘米），并分别标注在图上各方格点旁（见图9.22）。测量方法可采用间视水准测量（或三角高程测量），将水准仪置于场地中央，依次读取水准点和各方格点上的标尺读数，最后经计算求得各方格点的地面高程。

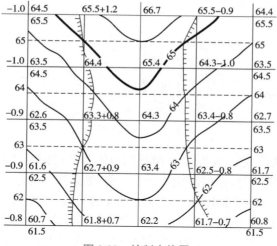

图 9.22　绘制方格网

（2）计算场地重心高程

按式（9.14）计算场地重心（中心）的设计高程 $H_重$。经计算得 $H_重$ 为 63.5 m，标注在中心水平线下面的两端。

（3）计算坡顶和坡底的设计高程

$$\left.\begin{aligned} H_顶 &= H_重 + \frac{i \times D}{2} \\ H_底 &= H_重 - \frac{i \times D}{2} \end{aligned}\right\} \tag{9.19}$$

式中　D——顶线至底线之间的距离；

　　　i——倾斜面的设计坡度。

（4）确定填、挖分界线

当坡顶线和坡底线的设计高程计算出结果后，由设计坡度和顶、底线的设计高程按内插法确定与地面等高线高程相同的匀坡坡面水平线的位置，用虚线绘出这些坡面水平线（如图 9.22 中的虚线），它们与地面相应等高线的交点为挖填分界点，将其依次连接即为挖填分界线（如图 9.22 中的类似陡坎符号的线）。

（5）计算各格网桩的填、挖量

根据顶、底线的设计高程按内插法计算出各方格角顶的设计高程，标注在相应角顶的右下方；将原来求出的角顶地面高程减去它的设计高程，得挖、填深度（或高度），标注在相应角顶的左上方。

3. 填挖方量计算

计算方法与设计为水平场地的方法相同。

9.5.3　南方 CASS 软件中的土石方量计算

南方 CASS 软件的"工程应用"菜单中，计算土石方量的方法很多（如图 9.23），使用也

建筑工程测量(第3版)

十分方便。

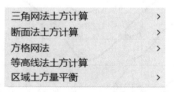

图 9.23　土石方量计算菜单

如果测区是用全站仪或 RTK 测量地面点的坐标和高程,并绘制成三角网或地形图,可以用"三角网法土方计算""方格网法土方计算"或"等高线法土方计算"来计算土石方量。如果是用横断面法绘制了多个横断面,用"断面法土方计算"计算土石方量。如果测区没有给定平场的设计标高,要求根据填挖平衡自行设计平场标高,则用菜单"区域土方平衡"实现,软件很快自动计算出某平场区域的平场标高、填挖的土石方工程量以及填挖平衡分界线。

课后思考 📍

1. 图 9.24 为 1∶10 000 的等高线地形图,图纸的下方绘有直线比例尺,用以从图上量取长度。请根据该地形图解决以下三个问题。

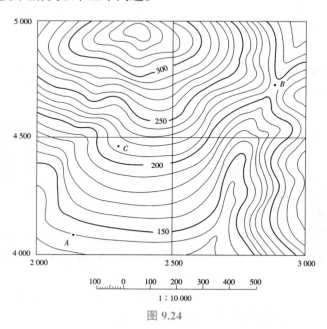

图 9.24

①求 A、B 两点的坐标及 AB 连线的方位角。
②求 C 点的高程及 AC 连线的坡度。
③从 A 点到 B 点定出一条地面坡度 i=6.7% 的路线。

2. 图 9.25 为一闭合多边形,请根据图中坐标计算多边形 *ABCDE* 的面积。

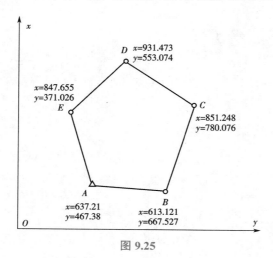

图 9.25

3. 请根据图 9.26 中的地形等高线和图廓边的坐标值进行下列计算。
①求 *A*、*B* 两点的平面坐标和高程。
②求直线 *AB* 的方位角。
③求直线 *AB* 的水平距离。

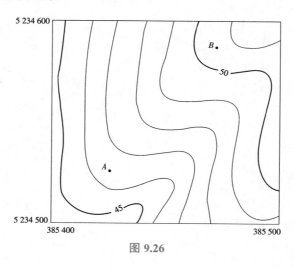

图 9.26

项目 10

施工测量的基本方法

本项目主要介绍施工测量中的距离测设、水平角测设、高程测设、点的平面位置测设的方法和步骤。

知识目标：掌握距离测设的方法和步骤；掌握水平角测设的方法和步骤；掌握高程测设的方法和步骤；掌握极坐标法放样平面点的方法和步骤。

技能目标：能进行距离放样；能进行水平角放样；能进行高程放样；能用极坐标法进行点位的放样。

素养目标：①培养不畏艰辛、吃苦耐劳的测绘精神；②注重养成认真细致、精益求精的工作作风；③逐步培养沟通交流的习惯、分工协作的团队意识。

重点：施工测量中的距离测设、水平角测设、高程测设；极坐标放样的方法步骤。
难点：水平角测设、极坐标放样。

任务 10.1　距离测设

测设又称为放样或标定，是指将图纸上所设计的点的位置在实地标示出来。测设的主要工作是根据角度、距离和高程确定地面点的位置。

标定已知长度的水平距离，是从一已知点出发，沿指定的方向标定出另一点位置，使两点间的水平距离等于已知长度。标定的方法有以下两种。

课程思政：南极测绘

10.1 全站仪的一般操作

10.1.1　一般方法

所标定的距离较短、地面比较平坦且精度要求较低时，用钢尺测设。如图 10.1 所示，AC 为已知方向线，现由起点 A 开始，在 AC 方向上确定一点 B，使 AB 的水平长度等于设计距离 D。

在钉出 B 点的位置后，通常再往、返丈量 AB 的水平距离，若往、返较差在容许范围内，取平均值为最后结果。

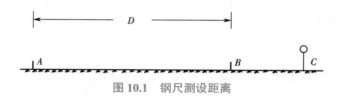

图 10.1　钢尺测设距离

10.1.2　精确方法

测设的水平距离较长且精度要求较高时,可用全站仪或测距仪测设。

如图 10.2 所示,用全站仪标定水平距离 D 时,方法如下。

①在 A 点安置全站仪,将反射棱镜立在已知方向的概略位置上,棱镜反射面对准仪器。

②启动全站仪的跟踪测距功能,将距离显示模式设置为平距模式,观测水平距离显示值 D″,与设计水平距离 D 相比较,指挥前视人员前后移动反射棱镜,使 D″ 与 D 值大致相等,并在地面作出标记 B′。

③将反射棱镜立在 B′ 点上,启动全站仪的正常测距功能,准确地测量出 AB′ 之间的水平距离 D′,计算出 D′ 与设计的水平距离 D 之间的差值 ΔD。根据 ΔD 在实地用小钢卷尺沿已知方向量 ΔD,精确地钉出 B 点,并在 B 点做稳定的标志。

如果用全站仪或光电测距仪测量出的是倾斜距离,应用垂直角和倾斜距离计算出水平距离后,再与设计距离 D 进行比较。

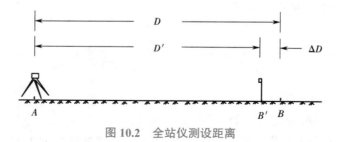

图 10.2　全站仪测设距离

任务 10.2　水平角测设

10.2.1　一般方法

如图 10.3(a)所示,AB 为地面已知方向,AP 为未知方向。A 为角的顶点,β 为已知的设计角度,现欲确定 AP 方向,使 ∠BAP=β。标定 AP 方向的步骤如下。

①在地面已知点 A 上安置经纬仪,以盘左瞄准 B 点处的目标,从经纬仪读数窗读取水平度盘读数 b_1。

②转动经纬仪照准部,使水平度盘读数为 $b_1+\beta$。

③在望远镜视准轴指定的方向上的地面上设标志 P′ 点。

④以经纬仪盘右瞄准 B 点,读水平度盘读数 b_2,同样转动经纬仪照准部,使水平度盘读数为 $b_2+\beta$,并在望远镜视准轴指定的方向上的地面上设标志 P'' 点。

⑤取 P' 和 P'' 连线的中点为 P 点,则 AP 为测设角度为 β 的方向线。有时,地面表土松软,不便于牢固设点,可在地面上打下木桩,在木桩上钉上小钉或用红铅笔精确地标出 P 点的位置。

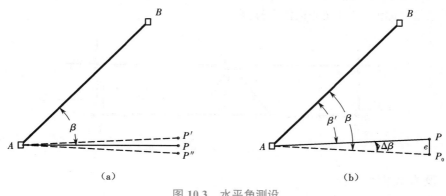

（a）　　　　　　　　　　　　　　（b）

图 10.3　水平角测设

10.2.2　精确方法

如图 10.3（b）所示,用上述的一般方法标设示出 AP 方向,可能精度较低。此时可以用改化法测设角度,更精确地标定出 AP 方向,步骤如下。

①先用一般方法测设出 AP 方向线。

②用经纬仪对 $\angle BAP$ 进行多测回观测,观测值为 β',β' 与 β 角有差值 $\Delta\beta$,$\Delta\beta=\beta-\beta'$。

③根据 $\Delta\beta$ 和 AP 的水平长度 s 计算方向 AP 的改正距 e,$e=\dfrac{\Delta\beta}{\rho}\times s$,式中 $\rho=206\ 265''$。

④从 P 点沿 AP 的垂直方向量垂距 e 定出 P_0 点,则 AP_0 为精确确定的方向线。应该注意的是,从 P 点向外量还是向内量,必须根据 $\Delta\beta$ 的正负号确定。

这种精确测设方法的思路是,在三角形 PAP_0 中,由于角度 $\Delta\beta$ 极小,可以近似地认为 $\angle P$ 和 $\angle P_0$ 两个角度为 90°,从而在直角三角形中求出 PP_0 的长度 e。

任务 10.3　高程测设

10.3.1　一般方法

如图 10.4 所示,测设设计高程是利用水准测量的方法,根据附近已知水准点 A 的高程和已知水准点上的后视读数 a,求出水准视线高程;再根据视线高程和待测设点 B 的高程,反求出待测设点上应读的前视读数 b,前视水准尺的零端就是设计高程的位置,从而将设计

高程测设于实地。操作步骤如下。

①在已知水准点 A 点和待测设高程点 B 之间安置水准仪,立标尺在 A 点得后视读数 a,水准仪视线高为 $H_视 = H_A + a$;前视读数应为 $b_应 = H_视 - H_B$,式中 H_B 为待测设的设计高程。

②在 B 点设木桩,在木桩侧面,上下移动标尺,当水准仪在标尺上的读数为 b 时,标尺底的位置为要测设的标高位置。再紧靠标尺底部在木桩侧面画一横线,并在横线下用红油漆画一倒三角形标记,也可在旁边注上标高。

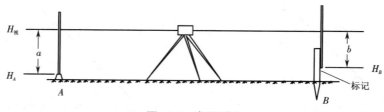

图 10.4　高程测设

10.3.2　较大高差传递法

待测设的设计高程与已知水准点的高程相差很大时,用上述一般方法不能满足要求。此时,除用水准仪和标尺外,还需要借助钢尺来进行测设。

向较深的基坑和较高的建筑物上测设已知高程时,可以先在施工水平上设临时水准点,并将已知水准点的高程传递到临时水准点上,再以临时水准点的高程作已知水准点的高程,用前述的一般方法测设设计标高。

操作步骤如下。

①如图 10.5 所示,挂上钢尺,在已知水准点 A 立标尺,得标尺读数 a 和钢尺读数 c。

②在施工水平面安置水准仪,在临时水准点 B 立标尺,得标尺读数 b 和钢尺读数 d。

③根据钢尺读数 c 和 d 求出 cd 间的高差 l_{cd},按下式求出临时水准点 B 的高程。

$$H_B = H_A + a - l_{cd} - b \tag{10.1}$$

④在临时水准点的基础上,用一般方法测设设计高程。

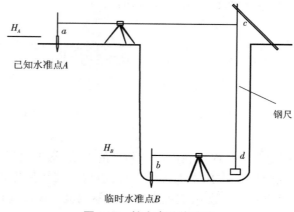

图 10.5　较大高差传递法

任务 10.4　点的平面位置测设

10.4.1　直角坐标法

直角坐标法是利用点位之间的坐标增量及其直角关系进行点位测设的方法。如图 10.6 所示,已知某矩形控制网 4 个角点 A、B、C、D 的坐标,现欲将设计图上的 1、2、3、4 点(设计坐标已知)测设在实地,其步骤如下。

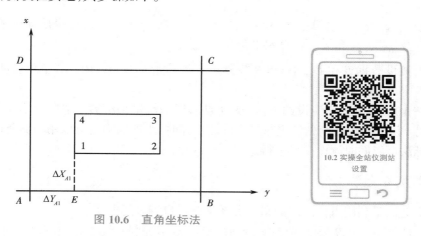

图 10.6　直角坐标法

①以 A 点为直角系的原点,以 AB 方向为 y 轴,AD 方向为 x 轴。

②计算 1 点与 A 点的坐标差:$\Delta X_{A1} = X_1 - X_A$,$\Delta Y_{A1} = Y_1 - Y_A$。

③在 A 点安置经纬仪,瞄准 B 点,在此方向上用钢尺量 ΔY_{A1} 得 E 点。

④在 E 点安置经纬仪,瞄准 B 点,沿此方向向左转 90° 角(用盘左、盘右位置的平均方向),得 $E1$ 方向,并在此方向上量 ΔX_{A1} 得 1 点。

⑤同法,在 B 点测设 2 点,从 C 点测设 3 点,从 D 点测设 4 点。

⑥检查 1、2、3、4 四个角点构成的四个角度是否为 90°,各边长度是否等于设计长度,若误差在允许范围内,测设合格。

10.4.2　极坐标法

极坐标法是利用点位之间的角度和边长关系进行点位测设的方法。

如图 10.7 所示,A、B 为已知点(坐标已知),P 点为待定点(设计坐标已知),现欲根据控制点 A、B,把 P 点测设在实地,其步骤如下。

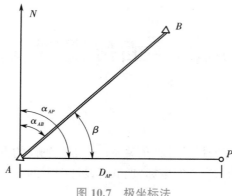

图 10.7　极坐标法

①根据 x_A、y_A、x_B、y_B 计算已知点间方位角 α_{AB}，根据 x_A、y_A、x_P、y_P 计算已知点 A 与待定点 P 间的平距 D_{AP} 和方位角 α_{AP}，计算水平角 $\beta = \alpha_{AP} - \alpha_{AB}$。

②求出测设数据 β 和 D_{AP} 后，可在控制点 A 安置经纬仪，按 10.2 节中角度测设的一般方法以 β 角定出 AP 方向。

③再按 10.1 节中距离测设的方法，从 A 点起用钢尺量平距 D_{AP} 定出 P 点的位置，并在 P 点作标记。用测距仪或全站仪进行极坐标法放样时，距离的确定可以用前面所讲的方法。

极坐标法可以同时测设出多个待定点。

10.4.3　角度交会法

角度交会法是利用点位之间的角度关系进行点位测设的方法。

如图 10.8 所示，A、B 为已知点，P 点为待定点，α、β 是设计图上给出的设计角度，或是根据 A、B、P 之间坐标反算求出的水平角（方位角之差）。现欲根据控制点 A、B，把 P 点测设在实地，其步骤如下。

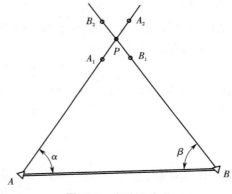

图 10.8　角度交会法

①在控制点 A 安置经纬仪，以 AB 为起始方向，用 10.3 节所讲的角度测设的方法，向左拨 α 角确定 AP 方向，在 P 点的概略位置定骑马桩 A_1、A_2。

②在控制点 B 安置经纬仪，以 BA 为起始方向，用 10.3 节所讲的角度测设的方法，向右

拨 β 角确定 BP 方向, 在 P 点的概略位置定骑马桩 B_1、B_2。

③骑马桩 A_1A_2、B_1B_2 连线的交点就是 P 点的位置, 在 P 点作上标记。

10.4.4　距离交会法

距离交会法是利用点位之间的距离关系进行点位测设的方法。

如图 10.9 所示, A、B 为已知点, P 点为待定点, 其中, D_{AP}、D_{BP} 是设计图上给出的设计距离, 或是根据 A、B、P 之间坐标反算求出的水平距离。现欲根据控制点 A、B, 把 P 点测设在实地, 其步骤如下。

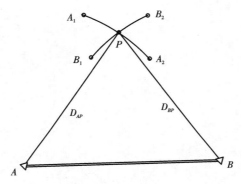

图 10.9　距离交会法

①以控制点 A 为圆心, 以 D_{AP} 为半径, 在 P 点的概略位置画圆弧线 A_1A_2。

②以控制点 B 为圆心, 以 D_{BP} 为半径, 在 P 点的概略位置画圆弧线 B_1B_2。

③圆弧线 A_1A_2、B_1B_2 的交点就是 P 点的位置, 在 P 点作标记。

课后思考 📍

1. 什么叫测设? 它包括哪些内容?
2. 叙述极坐标法测设待定点的步骤。
3. 简述测设已知高程的方法。
4. 请叙述角度测设的步骤。
5. 请叙述距离测设的步骤。

项目 11

建筑施工测量

![项目概述]

本项目主要介绍了基础施工测量、钢筋混凝土主体结构施工测量、砌体结构施工测量、钢结构施工测量、烟囱、水塔施工测量、管道施工测量、竣工总平面图的编绘等的方法和步骤。

![学习目标]

知识目标：掌握建筑物基础施工测量的方法和步骤；掌握钢筋砼主体结构施工测量的方法和步骤；了解砌体结构施工测量的方法和步骤；了解钢结构施工测量的方法和步骤；了解烟囱、水塔施工测量的方法和步骤；了解管道施工测量的方法和步骤；了解竣工总平面图的编绘方法和编绘内容。

技能目标：能正确运用测量仪器完成建筑物基础的施工测量；能正确运用测量仪器完成钢筋砼主体结构施工测量；能正确运用测量仪器完成砌体结构施工测量；能正确运用测量仪器完成钢结构施工测量；能正确运用测量仪器完成烟囱、水塔施工测量；能正确运用测量仪器完成管道施工测量；能够用相应软件完成竣工总平面图的编绘。

素养目标：①培养不畏艰辛、吃苦耐劳的测绘精神；②注重养成认真细致、精益求精的工作作风；③逐步培养沟通交流的习惯、分工协作的团队意识。

![关键内容]

重点：基础施工测量、钢筋砼主体结构施工测量、砌体结构施工测量、钢结构施工测量等的方法和步骤。

难点：基础施工测量、钢筋砼主体结构施工测量的方法和步骤。

任务 11.1　基础施工测量

11.1.1　基础轴线的测设

1. 轴线测设

（1）布设主轴线控制桩

平面控制网应先从整体考虑，遵循先整体、后局部，高精度控制低精度的原则，根据建筑物平面形状的特点，利用给定现场放点定出主控轴线，如图 11.1 所示。定位放线时精确测出控制轴线网，

课程思政：港珠澳大桥测量，世纪工程的"眼睛"

11.1 施工场地平面控制测量

将标桩设在既便于观测又不易遭到破坏的地方,并加以固定、保护。

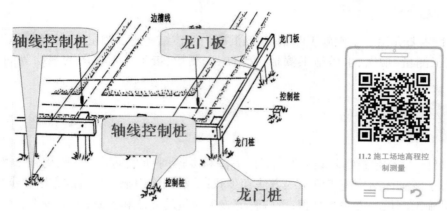

图 11.1　主轴线控制桩与龙门板布设

（2）布设平面矩形控制网

定出主轴线控制网后,依据基础平面图采用直角坐标定位放样的方法加密建筑物其他主轴线,经角度、距离校测符合点位限差要求后,布设建筑物平面矩形控制网。

2. 轴线测设流程

轴线测设流程如下。

①根据图纸算出特征点与红线控制(点)间的距离、角度、高差等放样数据。

②依据线控制的桩(点),确定并布设施工控制网。

③依据施工控制网,测设建筑物的主轴线。

④进行建筑物的细部放样。

⑤将建筑物控制轴线延伸至围墙或混凝土地面,作可靠保护。为避免交叉轴线产生误用,横向轴线用红色标志,纵向轴线用蓝色标志,四角必须设不会移动的后视点。

⑥基础施工过程中,根据场区首级平面控制网校测,每半月复测一次轴线控制桩,以防桩位位移。

3. 轴线测设方法

基础施工采用经纬仪方向线交会法来传递轴线,引测投点误差不应超过 ±3 mm,轴线间误差不应超过 ±2 mm。

根据场地上建筑主轴控制点,首先将房屋外墙轴线的交点木桩测定于地上,在桩顶钉上小钉作为标志。房屋外墙轴线测定以后,根据建筑平面图,将内部开间所有轴线都一一测出。然后检查房屋轴线的距离,误差不得超过轴线长度的1/2 000。最后根据中心轴线,用石灰在地面上撒出基槽开挖边线,以便开挖(如图 11.2)。

如果同一建筑区各建筑物的纵横边线在同一直线上,相邻建筑物定位时,必须进行校核调整,使纵向或横向边线的相对偏差在 5 cm 以内。

图 11.2 现场石灰粉标注开挖边线

4. 轴线测设注意事项

施工开槽时,轴线桩要被挖除。为了方便施工,一般民用建筑中,常在基槽外一定距离处钉设龙门板(图 11.1)。钉设龙门板的步骤和要求如下。

①在建筑物四角与内纵、横两端基槽开挖边线以外的 1~1.5 m(根据土质情况和挖槽深度确定)处钉设龙门桩,龙门桩要钉得竖直、牢固,木桩侧面与基槽平行。

②根据建筑物场地水准点,在每个龙门桩上测设比 ±0.000 高或低一定数值的线。同一建筑物最好只选用一个标高。如地形起伏选用两个标高时,一定要标注清楚,以免使用时发生错误;沿龙门桩上测设的高程线钉设龙门板,这样龙门板顶面的标高就在一个水平面上了。龙门板标高的测定容差为 ±5 mm。

③根据轴线桩,用经纬仪将墙、柱的轴线投到龙门板顶面,钉小钉标明,称为轴线钉。投点容差为 ±5 mm。

④用钢尺沿龙门板顶面检查轴线钉的间距,相对误差不应超过 1/2 000。经检核合格后,以轴线钉为准,将墙宽、基槽宽标在龙门板上,最后根据基槽上口宽度拉线撒出基槽开挖灰线。

11.1.2 浅基础的施工测量

1. 垫层中线投测

垫层浇筑以后,根据龙门板上的轴线钉或引桩,用经纬仪把轴线投测到垫层上去,然后在垫层上用墨线弹出承合线和柱子中心线、边线,以便浇筑混凝土基础。

2. 标高控制

(1)高程控制点的联测

向基坑内引测标高时,首先联测高程控制网点,以判断场内水准点是否被碰动,经联测确认无误后,方可向基坑内引测所需标高。

(2)±0.000 以下浅基础标高的测设

浅基础的标高测设采用水准仪及塔尺进行。为保证竖向控制的精度要求,标高基准点

11.3 建筑物的定位

必须正确测设。同一平面层引测的高程点,不得少于三个,并作相互校核,校核后三点的误差不得超过 3 mm,取平均值作为该平面施工标高的基准点。基准点设置在边坡稳定位置,可使用水泥砂浆在旁边抹一小块范围的竖直平面,用红色三角作标志,并标明绝对高程和相对标高,便于施工使用。

最后一层土方开挖前,考虑到施测方便,高程控制网拟布设在基槽外埋设的水准高程点的位置。为了便于施测及校核,沿基槽的每边布设 5~10 个控制点。在控制点的设置位置,标明水准控制点的编号,并在旁侧用油漆注明相对标高。

3. 柱子轴线投测

混凝土浅基础浇筑完成后,进行柱子轴线的投测。根据龙门板设置的控制点,将每根柱子的轴线用经纬仪投测到混凝土基础上,用墨线弹出轴线和柱子边框线,轴线误差控制在 5 mm 以内。

11.1.3 深基础的施工测量

1. 桩基础的施工测量

由测量基准点引测四大角的桩位,用木桩上设铁钉来定位,并测设控制网和水准点。安装提升设备时,使吊土桶的钢丝绳中心线与孔中心线一致,以作挖土时粗略控制中心线用。桩轴线控制支模中心线,高程引到第一节混凝土护壁上,每节以十字对中,吊大线锤作中心控制。用尺杆找圆周,以基准点测量孔深,保证桩位、孔深、截面尺寸正确。第一圈护壁混凝土拆模后,应在护壁上标定轴线位置和设置临时水准点,以便继续施工时控制桩孔位置、垂直度和标高。标定的轴线位置和临时水准点应经常检查复验。

2. 筏板、箱型基础的施工测量

筏板、箱形基础施工轴线控制,可直接采用基坑外控制桩两点通视直线投测法,向基础平台投测轴线(采用三点一线及转角复测),再次投测控制线引放其他细部施工控制线,每次控制轴线的放样必须独立施测两次,经校核无误后方可使用。标高控制采用悬吊钢尺法将标高导入坑壁上,基坑四周不低于 4 点(每一个方向不低于一点),校核无误后方可引测其他标高控制点,必须两点以上后视且两后视点标高差在规定范围内。

任务 11.2 钢筋砼主体结构施工测量

11.2.1 激光铅垂仪的使用

1. 激光铅锤仪简介

激光铅垂仪是一种供竖直定位的专用仪器,适用于高层建(构)筑物的竖直定位测量,主要由氦氖激光器、竖轴、发射望远镜、水准器和基座组成。基本构造如图 11.3 所示。

11.4 激光投线仪的使用

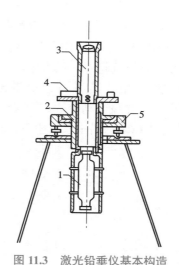

图 11.3　激光铅垂仪基本构造
1—氦氖激光器;2—竖轴;3—发射望远镜;4—水准管;5—基座

激光器通过两组固定螺钉固定在套筒内。仪器的竖轴是一个空心筒轴,两端由螺扣连接望远镜和激光器安装在筒轴的下(或上)端,发射望远镜安装在上(或下)端,即构成向上(或向下)发射的激光铅垂仪。仪器上设置有两个互成 90° 的水准器,其角值一般为 20″/2 mm。仪器配有专用激光电源,使用时利用激光器底端(全反射棱镜端)所发射的激光束进行对中,通过调节基座整平螺旋使水准管气泡严格对中,接通激光电源,启辉激光器便可垂直发射激光束。

2. 激光铅垂仪投测轴线

激光铅垂仪投测轴线的方法如下。

①在首层轴线控制点上安置激光铅垂仪,利用激光器底端(全反射棱镜端)所发射的激光束进行对中,通过调节基座整平螺旋使管水准器气泡严格居中。

②在上层施工楼面预留孔处放置接受靶。

③接通激光电源,启辉激光器发射铅直激光束,通过发射望远镜调焦,使激光束会聚成红色耀目光斑,投射到接受靶上。

④移动接受靶,使靶心与红色光斑重合,固定接受靶,在预留孔四周作出标记,靶心位置即为轴线控制点在该楼面上的投测点。

3. 激光铅垂仪投点偏差控制

当使用激光铅垂仪投测轴线进行竖向控制时,首层结构平面上轴线控制点精度不能保证、仪器未调置好或仪器自身未校核好、未消除竖轴不垂直于水平轴等原因可能造成投点偏差大、精度不能满足要求。为减小激光铅垂仪投点偏差大的问题,需要在测量工作中采取以下措施。

①首层楼面上的轴线控制网点必须保证精度,预埋钢板上的投测点要校核无误后刻上"+"字标识。浇筑上升的各层混凝土时,必须在相应位置预留 200 mm × 200 mm 与首层楼面控制点相对应的孔洞,保证能使激光束垂直向上穿过预留孔。

②为保证轴线控制点的准确性,在首层控制点上架设激光铅垂仪,调整仪器对中,严格

整平后方可启动电源,使激光器启辉发射出可见的红色光束。光斑通过结构板面对应的预留孔洞,显示在盖着的玻璃板或白纸上,将仪器水平转一周,当光斑在白板上的轨迹为一闭合环时,调节激光管的校正螺丝,使其轨迹趋于一点为止。

③为了消除竖轴不垂直水平轴产生的误差,应绕竖轴转动照准部,让水平度盘分别在0°、90°、180°、270°四个位置上,观察光斑变动位置,并作标记。若有变动,其变动的位置成十字的对称型,对称连线的交点即为精确的铅垂仪正中点(如图11.4所示)。

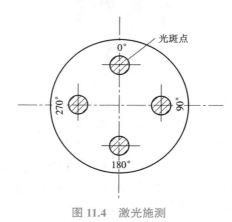

图 11.4　激光施测

11.2.2　激光墨线仪的使用

1. 激光墨线仪的操作

激光墨线仪(如图11.5)广泛用于轻钢龙骨天花板施工,水电、空调、消防管路架设,隔间、窗框施工,大理石、砖地施工,木工装潢、吊顶、地板施工, OA 系列办公室整体施工等,各项需要定垂直线、水平线的工程。

该仪器操作简单,激光线明亮清晰。能自动迅速安平,超出补偿范围时激光线闪烁提示。可发出四条垂直线、一条水平线、天顶交叉点、下对点,全方位测量,方便快捷。激光墨线仪操作示意图如图11.6。

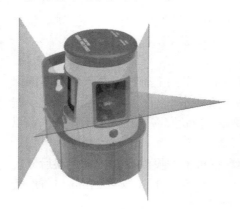

图 11.5　激光墨线仪

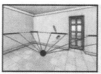

提供安装踢脚线基准　　提供安装吊顶基准　　提供安装管线基准

提供安装隔断基准　　提供安装橱柜基准　　提供安装门窗基准

图 11.6　激光墨线仪操作示意图

11.2.3　高层建筑的垂直度控制及竖向投测方法

1. 高层建筑的垂直度控制

高层建筑物施工测量中的主要问题是控制垂直度,即将建筑物的基础轴线准确地向高层引测,并保证各层相应轴线位于同一竖直面内,控制竖向偏差,使轴线向上投测的偏差值不超限。

轴线向上投测时,要求竖向误差在本层内不超过 5 mm,全楼累计误差值不应超过 $2H/10\,000$(H 为建筑物总高度),且 30 m<H≤60 m 时,不应大于 10 mm;60 m<H≤90 m 时,不应大于 15 mm;90 m<H 时,不应大于 20 mm。

2. 高层建筑物的竖向投测方法

高层建筑物轴线的竖向投测主要有外控法和内控法两种。

（1）外控法

外控法是在建筑物外部,利用经纬仪,根据建筑物轴线控制桩进行轴线的竖向投测,亦称作经纬仪引桩投测法。具体操作方法如下。

1）在建筑物底部投测中心轴线位置

高层建筑的基础工程完工后,将经纬仪安置在轴线控制桩 A_1、A_1'、B_1、B_1' 上,把建筑物主轴线精确地投测到建筑物的底部,并设立标志,如图 11.7 中的 a_1、a_1'、b_1、b_1',以供下一步施工与向上投测之用。

2）向上投测中心线

随着建筑物不断升高,要逐层将轴线向上传递。如图 11.7 所示,将经纬仪安置在中心轴线控制桩 A_1、A_1'、B_1、B_1' 上,严格整平仪器,用望远镜瞄准建筑物底部已标出的轴线 a_1、a_1'、b_1、b_1' 点,用盘左和盘右分别向上投测到每层楼板上,并取其中点作为该层中心轴线的投影点,如图 11.7 中的 a_2、a_2'、b_2、b_2'。

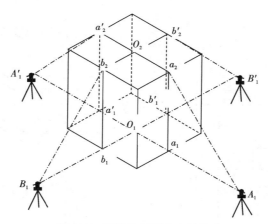

图 11.7　经纬仪投测中心轴线

3）增设轴线引桩

当楼层逐渐增高,而轴线控制桩距建筑物又较近时,望远镜的仰角较大,操作不便,投测精度也会降低。要将原中心轴线控制桩引测到更远的安全地方,或者附近大楼的屋面。具

体做法是将经纬仪安置在已经投测上去的较高层(如第 10 层)楼面轴线 $a_{10}a_{10}{}'$ 上,如图 11.8 所示,瞄准地面上原有的轴线控制桩 A_1 和 $A_1{}'$ 点,用盘左、盘右分中投点法,将轴线延长到远处 A_2 和 $A_2{}'$ 点,并用标志固定其位置,A_2、$A_2{}'$ 即为新投测的 A_1、$A_1{}'$ 轴控制桩。

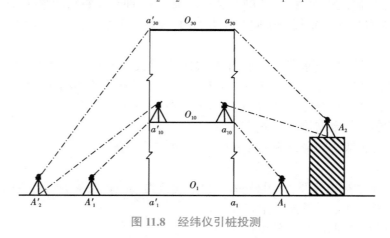

图 11.8 经纬仪引桩投测

更高各层的中心轴线,可将经纬仪安置在新的引桩上,按上述方法继续进行投测。

(2)内控法

内控法是在建筑物内 ±0.000 平面设置轴线控制点并预埋标志,以后在各层楼板相应位置上预留 200 mm × 200 mm 的传递孔,在轴线控制点上直接采用吊线坠法或激光铅垂仪法,通过预留孔将其点位垂直投测到任一楼层,如图 11.9 和图 11.10 所示。

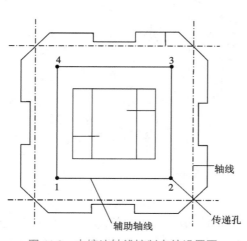

图 11.9 内控法轴线控制点的设置图

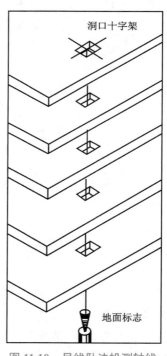

图 11.10 吊线坠法投测轴线

1）内控法轴线控制点的设置

基础施工完毕后，在 ± 0.000 首层平面上适当位置设置与轴线平行的辅助轴线。辅助轴线距轴线 500~800 mm 为宜，在辅助轴线交点或端点处埋设标志。如图 11.9 所示。

2）吊线坠法

吊线坠法是利用钢丝悬挂重锤球的方法，进行轴线竖向投测。这种方法一般用于高度为 50~100 m 的高层建筑施工中，锤球的质量为 10~20 kg，钢丝的直径为 0.5~0.8 mm。投测方法如下。

如图 11.10 所示，在预留孔上安置十字架，挂上锤球，对准首层预埋标志。当锤球线静止时，固定十字架，并在预留孔四周作出标记，作为以后恢复轴线及放样的依据。十字架中心即为轴线控制点在该楼面上的投测点。

用吊线坠法实测时，要采取一些必要措施，如用铅直的塑料管套着坠线或将锤球沉浸于油中，以减少摆动。

（3）建筑物角点垂直度控制

为了保证建筑物总体垂直度， ± 0.000 以上各层轴线投测检验符合精度要求后，利用经纬仪方向线法将建筑物角点与主轴线投测到墙体或柱体的外立面，并弹墨线标记。每层允许轴线偏差不超过 2 mm，保证每个立面投测的轴线至少三条。

11.2.4　主体结构各主要构件的测设

1. 柱的放线

通过外控法或内控法放出十字控制线后，按照施工图的尺寸放出相关轴线和柱安装边线，如图 11.11 所示。

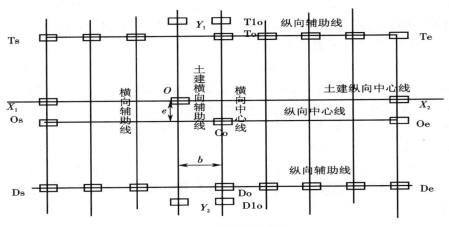

图 11.11　柱放线示意图

2. 柱垂直度检测

柱身模板支好后，先在柱子模板上端标出柱中心点，与柱下端的中心点相连，弹出墨线。将两台经纬仪架设在两条相互垂直的轴线上，对柱子的垂直度进行检查校正（图 11.12）或用垂球法检查核正。

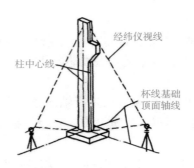

图 11.12　经纬仪校正柱子垂度度

3. 柱高程的引测

第一层的柱子浇筑好后，从柱子下面的已有标高点（通常是+0.500 0 m）向上用钢尺沿着柱身量距。标高的竖向传递，用钢尺从首层起始高程点竖直量取，当传递高度超过钢尺长度时，应另设一道标高起始线，钢尺需加拉力、尺长、温度三差修正。

施工层抄平前，应先校测首层传递上来的三个标高点，误差小于 3 mm，以其平均点引测水平线。抄平时，应尽量将水准仪安置在测点范围的中心位置，并进行一次精密定平，水平线标高的允许误差为 3 mm。

柱子模板校正好后，选择不同行列的 2~3 根柱子，从柱子下面已设好的 1 米线标高点，用钢尺沿柱身向上量距，引测 2~3 个相同的标高点于柱子上端模板上。在平台上放置水准仪，以引测上来的任一标高点作为后视，施测各柱顶模板标高，并闭合于另一点作为校核。

结构完成后在每一层使用墨线与红色油漆在柱墙上对轴线与标高作出统一标识。

4. 墙、梁、板、楼梯的放线

主要轴线校核以后，根据图纸测放墙柱轴线、边皮线、模板控制线及门窗洞口位置线。

门窗洞口的标高控制：墙体钢筋绑扎完成后在门窗洞口边暗柱主筋上投测出建筑+500 mm 线，作为门窗洞口标高基准线。

梁、板顶抄平常通过柱内冒出竖向纵筋、梁内支设钢筋头等方式弹出标高控制线，控制梁顶标高；梁、板底部标高控制通过里脚手架或支撑，从下层楼、地面引标高至脚手架或支撑顶，再搭设楞木后支设模板，从而控制梁、板底部标高。

楼梯的测量放线原理同柱、梁、板。

电梯井的控制采用横竖控制法。横控：保证电梯井四边尺寸，用经纬仪根据轴线放出电梯井尺寸，并放出墙体控制线，以便下一层校对及墙体控制。竖控：在底层留出一周内控制线，使用吊线坠法直接向各施工层悬吊引测轴线，悬吊时要上端固定牢固，线中间没有障碍，线下端的投测人视线要垂直结构面。

任务 11.3　砌体结构施工测量

11.3.1　砌体承重墙的测设

1. 墙体十字控制线的引测方法

（1）外墙引测法

11.5 光学·激光垂准
仪的使用

从前面几章的内容可知,基础施工时在建筑物基坑四周均设置有轴线控制点,如图 11.13 中的 K_1、K_2、K_3、K_4、K_5、K_6、K_7、K_8。基础施工完毕,可以用经纬仪将控制点引测到基础圈梁上,在圈梁的侧面作好轴线控制线的标记,如图 11.13 所示。随着墙体的施工,将标记在圈梁侧面的控制线用线坠向上引测至作业层,如图 11.14 中 B_1、B_2 点是引测到作业层的轴线控制点。待作业层楼面混凝土浇筑施工完毕可上人时,根据引测在外墙的控制线采用拉线绳的方式可将建筑物四角的十字控制线测设出来,如图 11.15 所示。

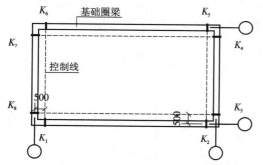

图 11.13　将轴线控制点引测到圈梁

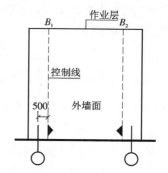

图 11.14　将控制线引测到作业层

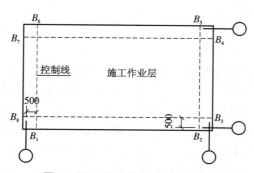

图 11.15　测设四角的十字控制线

（2）设投测孔法

外墙引测的方法是从外墙将轴线控制点引测到施工作业层,而设投测孔法是在楼面的

轴线交点处预留投测孔，随着主体结构的高度增加，用激光铅垂仪将轴线控制点引测到施工作业层。具体步骤是：一层埋设钢板，引测轴线控制点，在钢板上作好十字标记，架设激光铅垂仪，投测轴线控制点到施工层，如图11.16所示；然后根据4个角的轴线控制点引测出十字控制线。

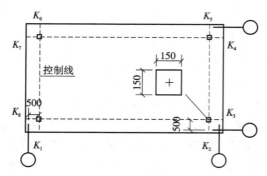

图11.16　设投测孔法

2. 承重墙轴线及边线的放线及高程的控制

（1）轴线、边线的放线

有了十字控制线，可以用小钢卷尺将墙的轴线和边线的位置点每隔4~6 m作出标示，然后用墨线弹出（如图11.17所示）。这样承重墙的轴线及边线就测放出来了。

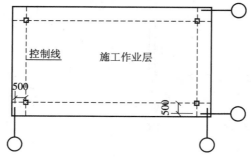

图11.17　墙的轴线和边线

（2）高程的控制

主体结构一层施工完毕，用水准仪根据建筑物周边的高程控制点（由测绘部门埋设）引测到建筑物外墙上并以此换算出建筑物的 ±0.000 绝对标高，用红油漆作出标示，如图11.18所示。每一层施工时用钢卷尺直接向上引测，可得到该作业层的控制标高。在作业层的墙体还未开始砌筑时，可以将作业层的建筑500 mm线用水准仪引测到各个构造柱的钢筋上，待墙体砌筑到1 m左右时，引测到已砌墙体侧面，并用墨线弹出。每层墙体的砌筑高度或门窗洞口的高度用小钢卷尺从已弹出的建筑500 mm线量出即可。

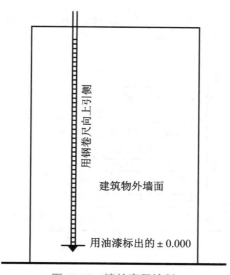

图 11.18　墙的高程控制

11.3.2　砌体填充墙的测设

1. 填充墙轴线与边线的放线

填充墙是在框架结构或框架剪力墙结构中,由于空间分隔的需要而在混凝土墙柱间填充砌筑的墙体。相对承重墙来讲,填充墙的放线工作开展起来较容易。因为在钢筋混凝土主体结构放线时,已在各个作业施工层上进行了十字控制线、柱网的轴线及其控制线、墙柱的边线及其控制线等的测放。填充墙的轴线及边线放线时,可根据设计施工图纸利用已有的这些线条来测放填充墙的轴线与边线。一般在钢筋混凝土主体施工放线中,轴网或墙柱的位置均是由墨线在混凝土楼面上弹出,在填充墙放线时,先清除地面的浮灰及杂物可重新找到原来的放线成果。发现墨线不清时,可适当在原来放线的位置浇洒一些清水湿润冲洗,这样有助于发现已弹墨线(如图 11.19 所示)。

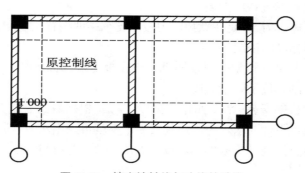

图 11.19　填充墙轴线与边线的放线

2. 填充墙高程的控制

填充墙砌筑时我们可以借助于主体施工阶段测放于混凝土墙柱上的建筑 500 线。填充

墙砌筑到 1 000 左右,可用水准仪将原混凝土墙柱上的建筑 500 线引测于已砌填充墙上。根据其楼层的建筑 500 线来控制填充墙的砌筑高度和门窗洞口的高度,如图 11.20 所示。

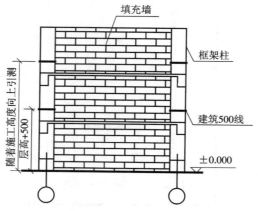

图 11.20 填充墙高程的控制任务

若施工楼层的墙柱上先前未测设建筑 500 线,可从建筑物外墙 ±0.000 点(图 11.20)根据各个楼层的层高采用拉钢卷尺的方式,重新标记各楼层的建筑 500 线,以此来控制填充墙的高程。

11.3.3 楼盖的测设

1. 圈梁的放线和高程的控制

圈梁是设置于墙顶部的构件,墙体砌筑完毕且验收合格后,下一步可进行圈梁的模板支设。墙体位置的确定等于圈梁位置的确定。圈梁的宽度一般为墙的宽度,圈梁的下底标高为墙顶标高。在墙体砌筑时应按事先在墙体上测设的建筑 500 线来控制墙顶标高,圈梁的底部标高。圈梁的顶部标高的控制也是根据墙体上的 500 线来进行。圈梁顶部的标高控制是通过圈梁模板支设时上口标高的控制来实现的。

2. 预应力板的放线和高程的控制

预应力板的安装施工时,一是注意预应力板的支承端的搁置长度和板距的控制,二是注意预应力板的下底面标高的控制。

预应力板的支承长度应该根据设计图纸事先在板上端部标出其支承位置线,在安放时控制或调整其位置线刚好位于圈梁的边线。

为了控制预应力板的安装标高,在圈梁施工完毕后,根据墙面上的 500 线检查其表面的平整度和标高是否满足设计要求。为了达到安装平整度可采用水泥砂浆进行找平。

屋顶的测量放线方法与承重墙的测量放线方法一致,先测设控制线,然后测设轴线和边线,同时做好高程的控制。

11.3.4　门窗的测设

1. 垂直度的控制

墙体施工放线时根据设计图线中门窗的位置将洞口边线在楼面上测放出来。门窗洞口预留时可采用吊线坠法来控制洞口的边线和垂直度。除了在墙体砌筑施工时正确预留洞口位置外,门窗安装时,特别是窗的安装时也可在外墙面吊线坠来控制各层窗框位于一条竖直线上。

2. 高程的控制

门窗高程的控制同墙体砌筑的高程的控制。采用各层墙面上事先测设的建筑 500 线用钢卷尺测量洞口的高度位置,见图 11.21。

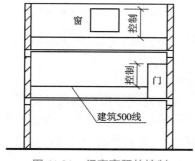

图 11.21　门窗高程的控制

任务 11.4　钢结构施工测量

工业建筑以厂房为主体,一般工业厂房大多采用预制构件在现场装配的方法施工。厂房的预制构件有柱(或现场浇筑)、吊车梁、吊车车轨和屋架等。工业建筑施工测量的工作主要是保证这些预制构件安装到位。下面就工业建筑中的重要构件——柱和梁或吊车梁的安装加以讨论。

11.4.1　柱的安装测量

1. 柱基的测设

柱基测设是根据基础平面图和基础大样图的有关尺寸,把基坑开挖的边线用白灰表示出来,以便开挖基坑。在两条互相垂直的轴线控制桩上各安置一台经纬仪,沿轴线方向交会出柱基的位置。然后在柱基基坑外的两条轴线上打入 4 个定位小木桩,如图 11.22 所示,作为修坑和立模板的依据。

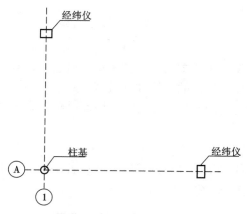

图 11.22　柱基测设示意图

　　柱基测设时,应注意定位轴线不一定都是基础中心线,有时一个厂房的柱基类型不一、尺寸各异,放样时应特别注意。

　　2. 基坑的高程测设和基础模板的定位

　　当基坑挖到一定深度时,应在坑壁四周离坑底设计高程 0.3~0.5 m 处设置几个水平桩,如图 11.23 所示,作为基坑修坡和清底的高程依据。此外,还应在基坑内测设出垫层的高程,在坑底设置小木桩,使桩顶面恰好等于垫层的设计高程。

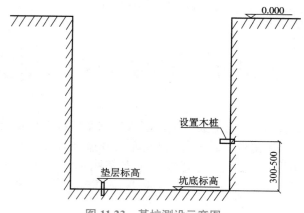

图 11.23　基坑测设示意图

　　打好垫层以后,根据坑边定位小木桩,用拉线的方法,吊锤球把柱基定位线投到垫层上,并弹出墨线,作为柱基立模板和布置基础钢筋网的依据。立模时,将模板底线对准垫层上的定位线,用锤球检查模板是否竖直。最后将柱基顶面设计高程测设在模板内壁。

　　3. 厂房柱的安装

　　厂房柱的安装测量所用仪器是经纬仪和水准仪等常规测量仪器,采用的安装方法大同小异,仪器操作基本一致。柱的安装测量按照以下步骤进行。

　　（1）投测柱列轴线

　　根据轴线控制桩用经纬仪将柱列轴线投测到杯形基础顶面作为定位轴线,在杯口顶面弹出杯口中心线作为定位轴线的标志。还要在杯口内壁测出一条高程线,从高程线起向下量取一整分米数即到杯底的设计高程。

（2）柱身弹线

柱子吊装前,应将每根柱子按轴线位置进行编号,在柱身的三个侧面上弹出柱中心线,每一面又分上、中、下三点做出标志,以便安装时校正。

（3）柱身长度和杯底标高检查

柱身长度是指从柱子底面到牛腿面的距离,等于牛腿面的设计标高与杯底标高之差。但柱子在预制时,由于模板制作和模板变形等原因,不可能使柱子的实际尺寸与设计尺寸一样,为了解决此问题,往往在浇筑基础时把杯形基础底面高程降低 20~50 mm,然后用钢尺量出柱身四条棱线从牛腿顶面沿柱边到杯底的长度,以最长的一条为准,用水准仪测定标高,用 1∶2 水泥砂浆在杯底进行找平。抄平时,应将靠柱身较短棱线一角填高,使牛腿面符合设计高程。

（4）柱吊装时竖直度的校正

柱子吊入杯底时,首先应使柱身基本竖直,再令其侧面所弹的中心线与基础轴线重合。然后,在杯口处柱脚两边塞入木楔或钢楔初步固定,再在两条互相垂直的柱列轴线附近,离柱约为柱高 1.5 倍的地方各安置一台经纬仪,如图 11.24 所示,瞄准柱脚中心线后固定照准部,仰起望远镜,瞄准柱中心线顶部。如重合,则柱在这个方向上就是竖直的;如不重合,应进行调整,直到柱两个侧面的中心线都竖直时,立即将水泥砂浆灌在杯形基础里,固定柱的位置。

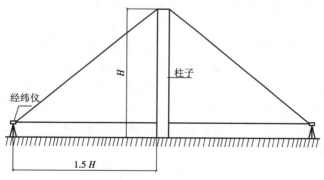

图 11.24　柱子垂直度校正示意图

11.4.2　梁的吊装测量

柱的安装完成后,接着就是梁的吊装。工业建筑中,梁的吊装主要是吊车梁及其轨道的安装。

1. 吊车梁的安装测量

安装前先弹出吊车梁的顶面中心线和两端中心线,将吊车轨道中心线投到柱的牛腿面上。其步骤是:利用厂房中心线 ,根据设计轨道间距,在地面上测设出吊车轨道中心线;分别安置经纬仪于吊车轨道中心线的一个端点上,瞄准另一个端点 ,仰起望远镜,可将吊车轨

道中心线投测到每根柱的牛腿面上,弹以墨线。

吊装前,要检查预制柱、梁的施工尺寸以及牛腿面到柱底高度,看是否与设计要求相符,如不相符且相差不大时,可根据实际情况及时作出调整,确保吊车梁安装到位。

吊装时使牛腿面上的中心线与梁端中心线对齐,将吊车梁安装到牛腿面上。吊车梁安装完后,还应检查吊车梁的高程:将水准仪安置在地面上,在柱侧面测设+500 mm 的标高线,再用钢尺从该线沿柱侧面向上量出梁面的高度,检查梁面标高是否正确,然后在梁下用钢板调整梁面高程,使之符合设计要求。

2. 吊车轨道安装测量

安装吊车轨道前,一般须先用平行线法对梁上的中心线进行检测。首先在地面上从吊车轨道中心线向厂房中心线方向量出长度,得平行线。然后安置经纬仪于平行线一个端点上,瞄准另一个端点,固定照准部,仰起望远镜投测。另一人在梁上移动横放的木尺,当视线正对尺上一米刻划线时,尺的零点应与梁面上的中心线重合。如不重合应予以改正,可用撬杠移动吊车梁,使吊车梁中心线至刻画线的间距等于 1 m 为止。

吊车轨道按中心线安装就位后,可将水准仪安置在吊车梁上,水准尺直接放在轨道顶上进行检测,每隔 3 m 测一点高程,与设计高程相比较,误差应在规范允许误差以内。还要用钢尺检查两吊车轨道间的跨距,与设计跨距相比较,误差控制在规范允许误差范围内。

11.4.3 单层轻型钢结构安装的测量放线

近年来,由于钢结构的特点及国家钢产量的提高,钢结构技术迅猛发展,我国兴建了大量的钢结构轻钢厂房,下面根据轻钢厂房结构特点阐述此类厂房结构的安装过程和应注意的一些问题。

轻钢结构质量小、构件细长、易变形,安装精度要求高,选择合理的安装顺序是保证整体结构安装质量的重要环节。合理的安装程序如下:从有柱间撑的节间开始,先安装四根钢柱及其间的柱间支撑,使之形成稳定体;然后安装此两柱间的屋面梁及次结构,这样就形成了一个稳定的安装单元;最后再扩展安装,依次安装钢柱、吊车梁、屋面梁等构件。吊车梁的调整在所有结构安装完成后进行。现就门式轻钢厂房安装过程中的测量放线问题,进行论述。

1. 基础复测和放线

钢结构安装前,根据土建专业工序交接单及施工图纸对基础的定位轴线、柱基础标高、杯口几何尺寸等项目进行复测和放线,确定安装基准,做好测量记录。基础复测应符合表11.1 的要求。

表 11.1　基础复测限差要求

序号	项目	允许偏差(mm)
1	支承面标高	+3.0
2	水平度	L/1 000
3	建筑物定位轴线	L/20 000 且不大于 3.0

2. 柱的校正

首先应将柱的十字中心线与基础中心线对正,用楔块初步固定,然后复测调整柱的标高,再调整柱的竖直度。柱校正时,各项指标应综合调整,直至各项指标调整合格为止。调整完成后,将垫板与柱底板焊接,将柱用拖拉绳及楔块固定。再复测,各项指标应合格。

3. 柱的测量

钢柱测量时应排除阳光侧面照射所引起的偏差。

应根据气温控制竖直度偏差并应符合如下规定:当气温接近年平均气温时,柱竖直度应控制在 0 附近。当气温高于或低于年平均气温时,应以每个伸缩段设柱间撑的柱为基准,竖直度校正至接近 0。当气温高于平均气温(夏季)时,其他柱应倾向基准点相反方向;当气温低于平均气温(冬季)时,其他柱应倾向基准点方向。

4. 吊车梁的安装

(1)支座板安装

安装前复测牛腿上表面标高是否合格,在钢牛腿上放出支座板的定位线,在定位线上安装支座板,在支座板上放出吊车梁的定位线。

(2)吊车梁安装

吊车梁安装一般采用工具式吊耳或捆绑法进行吊装。进行安装前应将吊车梁的分中标记引至吊车梁的端头,利于吊装时按柱牛腿的定位轴线临时定位。

(3)吊车梁校正与调整

吊车梁的校正包括标高调整、纵横轴线和竖直度的调整。用经纬仪将柱子轴线投到吊车梁牛腿面等高处,据图纸计算出吊车梁中心线到该轴线的理论长度 $L_{理}$。每根吊车梁测出两点,用钢尺和弹簧秤校核这两点到柱子轴线的距离 $L_{实}$,看 $L_{实}$ 是否等于 $L_{理}$,以此对吊车梁纵轴进行校正。吊车梁纵横轴线误差符合要求后,复查吊车梁跨度。吊车梁的标高和竖直度的校正可通过对钢垫板的调整来实现。

注意,钢吊车梁的校正必须在结构形成刚度单元后才能进行,吊车梁的竖直度的校正应和吊车梁轴线的校正同时进行。

5. 钢屋架的安装

(1)钢屋架的吊装

屋架吊装就位时应以屋架下弦两端的定位标记和柱顶的轴线标记严格定位,并采用点焊临时固定。第一榀屋架吊装就位后,应在屋架上弦两侧对称设缆风固定;第二榀屋架就位后,每坡用一个屋架间调整器进行屋架竖直度校正,再固定两端支座处,安装屋架间水平及垂直支撑。钢屋架吊装示意图如图 11.25 所示。

(2)钢屋架的竖直度的校正

在屋架下弦一侧拉一根通长钢丝(与屋架下弦轴线平行),同时在屋架上弦中心线反出一个同等距离的标尺,用线锤校正。也可用一台经纬仪,放在柱顶一侧,与轴线平移一定距离(假设为 a),在对面柱上同样有一距离为 a 的点,从屋架中线处挑出 a 距离,三点在一个垂面上即可使屋架垂直。钢屋架竖直度校正示意图如图 11.26 所示。

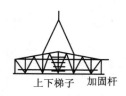

图 11.25 钢屋架吊装示意图

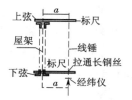

图 11.26 钢屋架竖直度校正示意图

11.4.4 多层钢结构安装的测量放线

多层钢结构安装测量放线工作包括控制网的建立、平面轴线控制点的竖向投递、柱顶平面放线、悬吊钢尺传递标高、平面形状复杂钢结构坐标测量、钢结构安装变形监控等。

1. 建筑物测量验线

钢结构安装前,土建部门已做完基础,为确保钢结构安装质量,进场后首先要求土建部门提供建筑物轴线、标高及其轴线基准点、标高基准点,复测轴线及标高。

（1）轴线复测

轴线复测一般选用全站仪,根据建筑物平面形状不同采取不同的复测方法:矩形建筑物的验线宜选用直角坐标法;任意形状建筑物的验线宜选用极坐标法;不便量距的点位,宜选用角度(方向)交会法。

（2）验线部位

验线部位包括建筑物平面控制图、主轴线及其控制桩,建筑物标高控制网及 ±0.000 标高线,控制网及定位轴线中的最弱部位。建筑物平面控制网主要技术指标见表 11.2。

表 11.2 建筑物平面控制网主要技术指标

等级	适用范围	测角中误差（s）	边长相对中误差
1	钢结构高层、超高层建筑	±9	1/24 000
2	钢结构多层建筑	±12	1/15 000

（3）误差处理

验线成果与原放线成果两者之差略小于或等于 1/2 限差时,可不必改正放线成果或取两者的平均值。

验线成果与原放线成果两者之差超过 1/2 限差时,原则上不予验收,尤其是关键部位。次要部位可令其局部返工。

2. 平面轴线控制点的竖向传递

（1）建立基准控制点

根据施工现场条件,建筑物测量基准点有两种测设方法。

一种方法是将测量基准点设在建筑物外部,俗称外控法。适用于场地开阔的工地。根据建筑物平面形状,在轴线延长线上设立控制点,控制点一般距建筑物 $0.8\sim1.5H$（H 为建筑物高度）处。每点引出两条交会的线,组成控制网,设立半永久性控制桩。建筑物垂直度的传递都从该控制桩引向高空。

另一种测设方法是将测量控制基准点设在建筑物内部,俗称内控法。适用于场地狭窄、无法在场外建立基准点的工地。控制点的多少根据建筑物平面形状决定。从地面或底层把基准线引至高空楼面时,遇到楼板要留孔洞,最后修补该孔洞。

上述基准控制点测设方法可混合使用。基准控制点的复测和保护要求如下。

①建立复测制度。要求控制网的测距相对中误差小于1/25 000,测角中误差小于2 s。

②各控制桩要有防止碰损的保护措施。设立控制网,提高测量精度。基准点处宜用预埋钢板,埋设在混凝土里,并在旁边做好醒目的标志。

（2）平面轴线控制点的竖向传递

1）地下部分

一般多层钢结构工程中,均有地下部分1~6层左右,地下部分可采用外控法。建立井字形控制点,组成一个平面控制格网,测设出纵横轴线。

2）地上部分

控制点的竖向传递采用内控法,投递仪器用激光铅直仪。地下部分钢结构工程施工完成后,用全站仪将地下部分的外控点引测到 ±0.000 m 层楼面,在 ±0.000 m 层楼面形成井字形内控点。设置内控点时,为保证控制点间相互通视和向上传递,应避开柱、梁位置。在把外控点向内控点引测的过程中,引测必须符合国家标准工程测量规范中相关规定。地上部分控制点的向上传递过程是:在控制点架设激光铅直仪,精密对中整平;在控制点的正上方,在传递控制点的楼层预留孔 300 mm×300 mm 上放置一块有机玻璃做成的激光接收靶,通过移动激光接收靶可将控制点传递到施工作业楼层上;然后在传递好的控制点上架设仪器,复测传递好的控制点。楼层超过 100 m 时,激光接收靶上的点不清楚时,可采用接力办法传递,传递的控制点必须符合国家标准工程测量规范中的相关规定。

3. 竖向控制点的标高传递

（1）柱顶轴线测量

利用传递上来的控制点,通过全站仪或经纬仪进行平面控制网放线,把轴线（坐标）放到柱顶上。

（2）悬吊钢尺传递标高

利用标高控制点,采用水准仪和钢尺测量的方法引测。多层与高层钢结构工程一般用相对标高法进行测量控制。根据外围原始控制点的标高,用水准仪引测水准点至外围框架钢柱处,在建筑物首层外围钢柱处确定+1.000 m 标高控制点,并做好标记。从做好标记并经过复测合格的标高点处,用 50 m 标准钢尺垂直向上量至各施工层,在同一层的标高点应检测相互闭合,闭合后的标高点作为该施工层标高测量的后视点并做好标记。超过钢尺长度时,另布设标高起始点,作为向上传递的依据。

（3）钢柱竖直度测量

钢柱吊装时,钢柱竖直度测量一般选用经纬仪。用两台经纬仪分别架设在引出的轴线上,对钢柱进行测量校正。轴线上有其他的障碍物阻挡时,可将仪器偏离轴线 150 mm 以内。

4. 钢结构安装工程中的测量顺序

测量、安装、高强度螺栓安装与紧固、焊接四大工序的协同配合是高层钢结构安装工程质量的控制要素,钢结构安装工程的核心是安装过程中的测量工作。

（1）初校

初校是钢柱就位中心线的控制和调整,调整钢柱扭曲、垂偏、标高等综合安装尺寸。

（2）重校

在某一施工区域框架形成后,应进行重校,对柱的垂直度偏差、梁的水平度偏差进行全面的调整,使柱的垂直度偏差、梁的水平度偏差达到规定标准。

（3）复校

高强度螺栓终拧后应能进行复校,目的是掌握高强度螺栓终拧时钢柱发生的垂直度变化。这时的变化只能考虑用焊接顺序来调整。

以上阐述了多层钢结构建筑安装测量放线工程中的一些实施要点,这对高层钢结构安装的测量放线工作有着很重要的实践意义。

11.4.5　高层钢结构安装的测量放线

前面介绍了多层钢结构安装的测量放线的实施要点,从中可知多层钢结构安装的测量放线工作对高层钢结构安装的测量放线工作有着借鉴意义。但就高层钢结构或超高层钢结构安装测量放线工作而言,高层钢结构测量控制的难点在于以下几个方面。

①高层钢结构安装施工的测量控制精度要求较高。

②如果结构形式复杂,高度较高,现有设备一次投递不能保证测量精度,需要在结构中设置中间传递层,经过几次控制点的传递完成平面、高程控制网的传递。

③如果单个构件的长度很大,例如柱高超过 10 m,结构周期超过夏季和冬季,那么温度对测量控制的精度和结构质量影响很大。

④高层钢结构工程中用到很多厚钢板、长度很大的构件,合理的焊接工艺和施工顺序是保证测量精度的必要条件。

⑤在高层结构中还必须注意风力对结构安装、校正、控制测量的影响。

1. 高层钢结构测量控制网的建立和传递

高层钢结构测量控制网的建立和传递施工中,包括平面控制网的建立和传递、高层控制网的建立和传递,平面控制网的建立和传递的基本方法,已经在任务 11.3 中进行了详细的论述,高层钢结构可参照实施。

高层钢结构高度较大时(超过 100 m),可以将整个结构在竖直高度上进行合理的分区(假设为 n),作为控制网阶段性传递层。然后在每个施工区 3 个角柱外侧面设置 3 个水准控制点,3 个施工区的 $3 \times n$ 个水准控制点构成高精度的高层控制网。

2. 高层钢结构安装的测量

安装采用"先标高,后位移,最后垂偏"的无缆风校正法进行钢结构校正工作。结构安装过程中,通过标高调校、位移调整、水平度校正和垂直度跟踪观测来进行安装的测量控制,如图 11.27 所示。

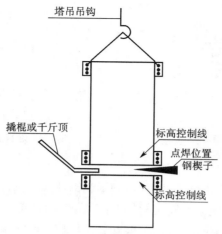

图 11.27　无缆风校示意图

（1）钢柱标高调校

钢柱吊装就位后，用大六角高强度螺栓通过连接板固定上下耳板，通过起落吊钩用撬棍调整柱间间隙或通过加焊钢楔子结合千斤顶调整钢柱柱间间隙，通过上下柱标高控制线之间的距离与设计标高数值进行对比，符合要求后打入钢楔，点焊并紧固连接螺栓限制钢柱下落，考虑焊接收缩量和压缩量，将标高偏差调整至 3 mm 内。

（2）位移调整

钢柱对接时钢柱的中心线应尽量对齐，错边量应符合要求。应尽量做到上下柱十字线重合，如有偏差，应在柱—柱的连接耳板的不同侧面夹入垫板（垫板厚度 0.5~1.0 mm），拧紧大六角高强度螺栓，钢柱的位移偏差每次调整量在 3 mm 以内，若偏差过大可分 2~3 次调整。

注意，每节钢柱的定位轴线不允许使用下面一节钢柱子的定位轴线，必须从地面控制线或阶段传递层控制线引到高处，保证每节钢柱安装正确无误，以免产生过大的累积误差。

（3）垂直度校正

钢柱校正采用无缆风校正法，在钢柱的偏斜一侧打入钢楔或用顶升千斤顶支顶。垂直度测量用 2 台经纬仪（配合弯管目镜）在钢柱的两个互相垂直的方向同时进行跟踪观测控制。由安装误差、焊接变形、日照温度、钢结构弹性等因素引起的误差值，通过总结积累的经验预留出垂偏值。在保证单节钢柱垂直度不超过规定的前提下，留出焊缝收缩对垂直度的影响，采用合理的焊接顺序以减小焊接收缩对钢柱垂直度的影响。

（4）钢柱的垂直度调整

钢梁安装过程中对钢柱垂直度的影响，可用千斤顶和手拉葫芦进行调整，如图 11.28 和图 11.29 所示。

（5）钢梁的水平度校正

同一根梁两端的水平度，允许偏差（$L/1\ 000$）+3 mm（L 为梁长），且不大于 10 mm。钢梁水平度超标的主要原因是连接板位置或螺孔位置有误差，可采取更换连接板或塞焊孔重新制孔进行处理。

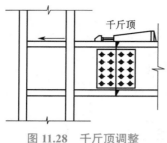

图 11.28　千斤顶调整

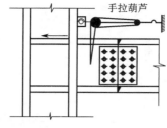

图 11.29　手拉葫芦调整

（6）垂直度跟踪观测

为如实掌握每根钢柱垂直度的动态,在钢梁和钢柱焊接过程中,用经纬仪对钢柱的垂直度随时进行跟踪观测,保证钢结构安装的各项控制指标处于受控状态。

每节钢柱高度范围内的全部构件,完成安装及焊接并经测量验收合格后,测放平面位置的控制轴线和高程控制的标高线。

3. 温度、焊接及塔吊对测量控制的影响

（1）温度对测量控制影响的修正方法

测量人员在现场测量大气压强和温度,对有关参数进行修正。夏天要遮阳,避免直接暴晒仪器,测量时间尽量安排在上午 10:00 前和下午 4:00 后;冬季先让仪器适应现场的温度后方可使用,禁止直接开箱使用,测量的时间安排在上午 10:00 到下午 2:00。

现场测量使用的 50 m 标准钢尺使用前需和加工厂提供的经检定的 50 m 钢尺进行现场检校,以确保计量检测工具与制作厂家匹配统一。使用时要考虑修正数值

$$温度修正值=0.000\,012\times(t-t_0)L$$

式中　L——测量长度;

　　　t——测量时温度(℃);

　　　t_0——标定长度时的温度(20 ℃)。

根据钢尺检定时的尺长方程式确定钢尺的比长修正值,其公式是钢尺丈量的准确值=实际读数+温度修正值+比长修正值。

（2）焊接对测量控制的影响

为减小焊接对测量控制和钢结构施工质量的影响,每次安装校正完毕、高强度螺栓安装施工后,测量人员应对钢柱垂直度重新进行测量,提供实际的偏差数值,然后由质量部门按实际数值编制焊接顺序,对一些部位预留焊接收缩量。焊接过程中,测量人员进行跟踪观测,以减小焊接对测量控制的影响。

（3）内爬式塔吊对测量控制的影响

按"先内筒后外围"的顺序调整校正钢柱。调整校正过程中加强对相邻钢柱的观测,增加整体观测的次数,整体控制测量精度。焊接过程中尽量避免塔吊吊装重型构件,禁止快速起钩、落钩。每次测量控制点竖向投递,测放控制轴线、控制标高的全过程,必须保证 $3\times n$ 个区的塔吊保持静止并配载荷以保持平衡,测量操作完成后塔吊方可自由运转。

任务 11.5　烟囱、水塔施工测量

筒仓结构建筑物(烟囱、水塔等)的特点是主体的筒身高度很大,相对筒身而言它的基础平面尺寸较小,整个主体垂直度由通过基础圆心的中心铅垂线控制,筒身中心线的垂直偏差对其整体稳定性影响很大。筒仓结构的施工测量的主要工作是控制筒身中心线的垂直度。

11.5.1　定位与放线

1. 定位

筒仓结构建筑物的定位就是定出基础中心的位置。定位方法如下。

①按设计要求,利用与施工场地已有控制点或建筑物的尺寸关系,在地面上测设出筒仓结构的中心位置 O(即中心桩),如图 11.30 所示。

②在 O 点安置经纬仪,任选一点 A 作后视点,在视线方向上定出 a 点,倒转望远镜,通过盘左、盘右投点法定出 b 和 B;然后顺时针测设 90°,定出 d 和 D;倒转望远镜,定出 c 和 C,得到两条互相垂直的定位轴线 AB 和 CD。

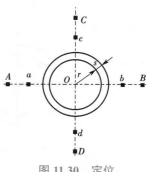

图 11.30　定位

③ A、B、C、D 四点至 O 点的距离为烟囱高度的 1~1.5 倍。a、b、c、d 是施工定位桩,用于修坡和确定基础中心,应尽量设置在靠近筒仓结构而不影响桩位稳固的地方。

2. 放线

如图 11.30 所示,以 O 点为圆心,以筒仓结构底部半径 r 加上基坑放坡宽度 s 为半径,在地面上用皮尺画圆,并撒出灰线,作为基础开挖的边线。

11.5.2　筒身的施工测量

1. 轴线的引测

施工中,应随时将中心点引测到施工作业面上。一般每砌一步架或每升模板一次,就应引测一次中心线,以检核该施工作业面的中心与基础中心是否在同一铅垂线上。引测方法:在施工作业面上固定一根枋子,在枋子中心处悬挂 8~12 kg 的锤球,逐渐移动枋子,直到锤球对准基础中心为止。此时,枋子中心就是该作业面的中心位置。

每砌筑完 10 m,必须用经纬仪引测一次中心线。引测方法如下。

①如图 11.30 所示,分别在控制桩 A、B、C、D 上安置经纬仪,瞄准相应的控制点 a、b、c、d,将轴线点投测到作业面上,并作出标记。

②按标记拉两条细绳,交点为筒仓结构建筑物的中心位置,与锤球引测的中心位置比较,以作校核。筒仓结构建筑物的中心偏差一般不应超过砌筑高度的 1/1 000。

对于高大的钢筋混凝土筒仓结构建筑物,模板每滑升一次,就应采用激光铅垂仪进行一次铅直定位,定位方法:在筒仓结构底部的中心标志上,安置激光铅垂仪,在作业面中央安置接收靶。在接收靶上,显示的激光光斑中心,为中心位置。

在检查中心线的同时,以引测的中心位置为圆心,以施工作业面上筒仓结构建筑物的设计半径为半径,用木尺画圆,如图 11.31 所示,检查筒仓结构外壁的位置。

2. 筒仓结构外筒壁收坡控制

筒壁的收坡是用靠尺板来控制的,靠尺板两侧的斜边应严格按设计的筒壁斜度制作。使用时,把靠尺板的斜边贴靠在筒体外壁上,若锤球线恰好通过下端缺口,说明筒壁的收坡符合设计要求,如图 11.32 所示。

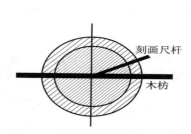

图 11.31　筒仓结构外壁位置的检查

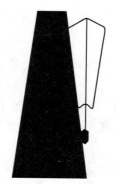

图 11.32　收坡靠尺板

3. 高程的传递

筒体标高的控制一般是先用水准仪在筒仓结构建筑物底部的外壁上测设出+0.500 m(或任一整分米数)的标高线,再以此标高线为准,用钢尺直接向上量取高度。

任务 11.6　管道施工测量

城镇建设中要敷设给水、排水、煤气、电力、电信、热力、输油等各种管道,管道工程测量是为各种管道设计和施工服务的。为管道工程设计提供有关的地形资料,在管道的施工中,按设计要求将管道的位置在地面上标定出来。

管道工程测量的主要任务是根据工程的进度要求,为施工测设各种基准标志,以便在施工中能随时掌握中线方向和高程位置。主要包括管道中线测设,管道纵、横断面测量,管道施工测量和管道竣工测量。

管道工程测量多属地下构筑物,在较大的城镇街道及厂矿地区,管道互相上下穿插、纵横交错,测量、设计或施工中如果出现差错,往往会造成很大损失。所以,测量工作必须采用城镇或厂矿的统一坐标和高程系统,按照"从整体到局部,先控制后碎部"的工作程序和步步有检核的工作方法进行,为设计和施工提供可靠的测量标志。

11.6.1 管道中线测量

管道中线测量就是将设计的管道中心线的位置在地面上测设出来,用木桩进行标定。主要内容包括管道主点的测设、中桩测设、管道转向角测量以及里程桩手簿的绘制。

1. 管线主点的测设

管道的起点、终点和转折点通称为主点,主点的位置及管线的方向在设计中已确定。管道主点的测设和房屋建筑定位一样,即确定地面点的平面位置,可以根据精度要求、现场条件及仪器设备,选择不同的方法进行测设。主要测设方法有三种:图解法、解析法(主要方法)、拨角法。

(1)图解法

根据管道设计图纸上主点与相邻地物的相对关系,直接在图上量取主点放样的数据,并据此进行主点测设的方法为图解法。

图纸的比例尺愈大,图解法得到的测设数据的精度就愈高。管道规划设计图的比例尺较大,且管道主点附近有明显可靠的地物时,可按图解法来采集测设数据。

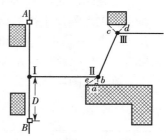

如图 11.33 所示,A、B 是原有管道检查井位置,Ⅰ、Ⅱ、Ⅲ点是设计管道的主点。欲在地面上定出Ⅰ、Ⅱ、Ⅲ主点,可根据比例尺在图上量出长度 D、a、b、c、d 和 e,即为测设数据。然后沿原管道 AB 方向,从 B 点量出 D 即得Ⅰ点,用直角坐标法从房角量取 a,并垂直房边量取 b 即得Ⅱ点,再量 e 来校核Ⅱ点是否正确,用距离交会法从两个房角同时量出 c、d 交出Ⅲ点。图解法受图解精度的限制,精度不高。当管道中线精度要求不高的情况下,可以采用此法。

图 11.33 图解法测设主点示意图

(2)解析法

管道规划设计图上已给出管道主点的坐标,且主点附近有测量控制点时,可用解析法来采集测设数据。

如图 11.34 中,1、2、3……为测量控制点(导线点),A、B、C……为管道主点。如用极坐标法测设 B 点,则可根据 1、2 和 B 点坐标,按极坐标法计算出测设数据 $\angle12B$ 和距离 S_{2B}。

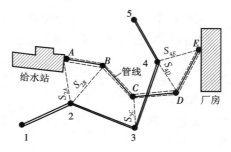

图 11.34 解析法测设主点示意图

测设方法是安置经纬仪于 2 点,后视 1 点,转 $\angle12B$,得出 $2B$ 方向,在此方向上用钢尺测设距离 S_{2B},得 B 点。其他主点均可按上述方法进行测设。

拟建管道工程附近没有控制点或控制点不够时,应先在管道附近敷设一条导线,或用交会法加密控制点,然后按上述方法采集测设数据,进行主点的测设工作。管道中线精度要求较高的情况下,均可用解析法测设主点。

(3)拨角法

有些管道在转折时,为满足定型弯头的要求采用拨角法。例如给水铸铁管的弯头按转折角分为 90°、45°、22.5° 等型号。

如图 11.35 所示,Ⅰ、Ⅱ、Ⅲ为已测设的管道主点。测设Ⅲ点时,将经纬仪安置在Ⅱ点,后视Ⅰ点,倒镜后拨 45° 角,沿视线方向丈量距离 S,可标定出Ⅲ点的位置。拨角法测设管道主点时,应用两个盘位测设角度,距离测设应往返丈量,以提高测设精度。

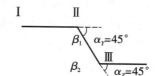

图 11.35 拨角法测设主点示意图

管道主点测设是利用上述准备好的数据,采用直角坐标法、极坐标法、角度交会法或距离交会法等将管道主点在现场确定下来。具体测设时,各种方法可独立使用或配合使用。

各主点测设完毕后,应检查它们与相邻地物点或测量控制点的关系,以检核主点测设的正确性。主点测设工作的检核方法是先用主点坐标计算相邻主点间的长度,然后实地量取主点间距离,看是否与算得的长度相符。如果主点附近有固定地物,可以量出主点与地物间的距离进行检核。检核无误后,用木桩标定点位,并作好标记。

管道中线测设的精度要求见表 11.3。

表 11.3 管道中线测设的精度要求

测设内容	点位容许误差(mm)	测角容许误差范围(′)
厂房内部管线	7	±1.0
厂区内地上和地下管道	30	±1.0
厂区外架空管道	100	±1.0
厂区外地下管道	200	±1.0

2. 中桩测设

为了标定管线的中线位置,测定管线的实际长度和测绘纵横断面,应从管道的起点开始,沿管道中线方向根据地面变化情况实地设置整桩和加桩,这项工作称为中桩测设。这些桩点统称为中线桩,简称中桩。

从起点开始,按规定每隔某一整数设一桩,为整桩。不同的管线,整桩之间的距离不同,一般为 20 m、30 m,最长不超过 50 m。

相邻整桩之间线路穿越的重要地物处及地面坡度变化处(高差大于 0.3 m)要增设加桩。加桩又分为地物加桩、地形加桩等。

为了便于计算,中桩均按起点到该桩的里程进行编号,以表示它们距离管道起点的距离,并用红油漆写在木桩侧面。书写整齐、美观,字面朝向管线起始方向,写后要检核。管线中线上的整桩和加桩统称为里程桩。如起点桩号为 0+000;整桩号 0+150,此桩离起点

150 m,"+"号前的数为公里数;加桩号 2+182,表示离起点距离为 2 182 m。

测设中桩时,可用钢尺测设距离,用经纬仪确定量距的方向。若采用拨角法测设主点,同时测设整桩和加桩。测设出的中线桩,均应在木桩侧面用红油漆标明里程,即从管道起点沿管道中线到该桩点的距离。为了保证精度要求,避免测设中桩错误,量距一般用钢尺丈量两次,精度为 1/1 000 ~ 1/2 000。

中桩都是根据该桩到管线起点的距离来编定里程桩号的。管线不同,起点有不同的规定。管线的起点 :给水管道以水源为起点;排水管道以下游出水口为起点;煤气、热力等管道以来气方向为起点;电力电信管道以电源为起点。

3. 转向角测量

转向角是管道改变方向后,改变后的方向与原方向之间的夹角 α,亦称偏角。管线的转向不同,转向角有左、右之分。偏转后的方向位于原来方向右侧时,称为右转向角,用 $\alpha_{右}$ 表示;偏转后的方向位于原来方向左侧时,称为左转向角,用 $\alpha_{左}$ 表示,如图 11.36 所示。偏角用管线的右角 β 计算

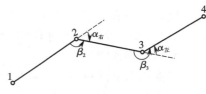

图 11.36　转向角测量

$$\alpha_{右}=180° -\beta_2$$
$$\alpha_{左}=180° -\beta_3$$

α 计算值为正,是右角 $\alpha_{右}$;α 计算值为负,是左角 $\alpha_{左}$。

转向角要满足的要求:给水管道使用铸铁定型弯头时,转向角有 90°、45°、22.5°、11.25°、5.625°。排水管道转向角不应大于 90°。

4. 绘制里程桩手簿

中桩测设和转向角测量的同时,应将管线情况标绘在已有的地形图上,如无现成地形图,应将管道两侧带状地区的情况绘制成草图,这种工作称为绘制里程桩手簿(或里程桩图)。里程桩手簿是绘制纵断面图和实际管道中心线的重要参考资料,宽度一般为中心线两侧各20 m。测绘方法主要是用皮尺以距离交会法或直角坐标法为主进行,也可用皮尺配合罗盘仪以极坐标法进行测绘。若遇建筑物,则需测绘到两侧的建筑物,用统一的图示表示。

绘制时,先在手簿的毫米方格纸上绘出一条粗直线表示管道的中心线,标注出主点和中桩里程。在管线的转折点,用箭头表示出管线转折的方向,注明转向角的数值,但转折以后的管线仍用原来的直线表示管道中线。如图 11.37 所示,图中粗线表示管道的中心线,0+000处表示管道起点,0+380 处为转折点,转向后仍接原方向绘出,但要用箭头表示管道转向并注明转折角(图中转向角 $\alpha_{左}=30°$),0+215 和0+287 是地面坡度变化处的加桩,0+510 和 0+530 是管线穿越公路的加桩,其余均是整桩。

若有大比例尺地形图,则此地物和地貌可以直接从地形图上量取,以减少外业工作量。

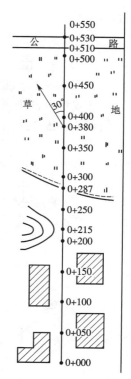

图 11.37　管道里程
桩草图

11.6.2 管道纵断面图测绘

管道纵断面图测量就是根据水准点的高程,用水准测量的方法测出中线上各桩的地面点高程,然后根据里程桩号和测得相应的地面高程按一定比例绘制成纵断面图,用以表示管道中线方向地面高低起伏变化情况。为设计管道埋深、坡度及计算土方量提供重要依据,主要工作内容如下。

1. 水准点的布置

水准点是管道水准测量的控制点,为了保证管道全线高程测量的精度,纵断面水准测量前,应先沿管线设立足够的水准点。一般要求沿管线方向,每 1~2 km 埋设一永久性水准点,每 300~500 m 应埋设一个临时性水准点,按四等水准测量的精度观测出各水准点的高程,作为纵断面测量和施工引测高程的依据。水准点应埋设在不受施工影响、使用方便和宜于保存的地方,或埋设在沿线周围牢固建筑物的墙角或台阶上。

2. 纵断面水准测量

纵断面水准测量一般是以相邻两水准点为一测段,从一个水准点出发,逐点测量各中桩的高程,再附合到另一水准点上,以资校核。纵断面水准测量视线长度可适当放宽,一般采用中桩作为转点,也可以另设。在两转点间的各桩通称中间点。中间点的高程通常用视线高法求得,故中间只需一个读数(即中间视)。由于转点起传递高程的作用,所以转点上读数必须读至毫米,中间点读数只是为了计算本身高程,可读至厘米。

施测过程中,应同时检查整桩、加桩是否恰当,里程桩号是否正确,若发现错误和遗漏须进行补测。

(1)纵断面水准测量的施测方法

图 11.38 是由水准点 BMA 到 0+300 一段中桩纵断面水准测量示意图,施测方法如下。

①安置仪器于测站 1,后视水准点 A,读数 2.103,前视 0+000,读数 1.794。

②安置仪器于测站 2,后视 0+000,读数 2.054,前视 0+100,读数 1.565,再将水准尺立于中间点 0+045,读数 1.810。

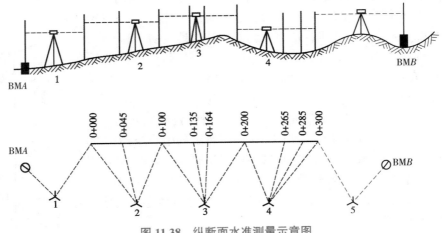

图 11.38　纵断面水准测量示意图

③安置仪器于测站 3,后视 0+100,读数 1.569,前视 0+200,读数 1.647,同上法再读中间

点 0+135 和 0+164,分别读得 1.300 和 1.150。

④以后各站同上法进行,直到附合到另一个水准点上。

（2）纵断面水准测量的计算

为了完成一个测段的纵断面水准测量,要根据观测数据进行如下计算。

1）高差闭合计算

纵断面水准测量从一已知水准点附合到另一已知水准点上,高差闭合差应小于容许值（无压管道容许值范围为 ±5n mm,一般管道容许值范围为 ±10n mm,其中 n 为测站数）,成果合格。将闭合差反号平均分配到各站高差上,得各站改正高差,然后计算各前视点高程。

2）每一测站各项高程计算

视线高程=后视点高程+后视读数

中桩高程=视线高程-中视读数

转点高程=视线高程-前视读数

计算按表 11.4 进行。

当管线较短时,纵断面水准测量可与测量水准点的高程一起进行,由已知水准点开始按上述方法测出各中桩的高程后,附合到另一个未知高程的水准点上,再以水准测量的方法（不测中间点）返测到已知水准点。若往返闭合差在限差内,取高差平均数推算未知水准点的高程。

表 11.4　纵断面水准测量的记录计算手簿

测站	标号	水准尺读数（m）			高差（m）		改正后高差（m）		视线高程（m）	高程（m）
		后视	前视	中视	+	−	+	−		
1		2.103				−3				1 046.800
	BMA 0+000		1.794		0.309		0.306			1 047.106
2	0+000	2.054				−4			1 049.160	1 047.106
	0+100		1.565		0.489					1 047.591
	0+045									1 047.350
3	0+100	1.569				−4			1 049.160	1 047.591
	0+200		1.647			0.078		0.082		1 047.509
	0+135									1 047.860
	0+164									1 048.010
4	0+200	0.643				−4			1 048.152	1 047.509
	0+300		2.042			1.399		1.403		1 046.106
	0+265									1 046.400
	0+285									1 046.100
5	0+300	0.782				−4				1 046.106
	BMB		2.138			1.356		1.360		1 044.746
Σ		7.151	9.186		0.798	2.833				

$$h_{AB}=\sum a-\sum b=\sum h_i=-2.035(\mathrm{m}),\ f_h=-2.035-(-2.054)=+0.019(\mathrm{m})=+19(\mathrm{mm})$$

$$f_{h允}=\pm10\sqrt{5}=\pm22(\mathrm{mm})>19(\mathrm{mm}),合格$$

3. 纵断面图的绘制

纵断面图以中桩的里程为横坐标,各点的地面高程为纵坐标进行绘制,一般绘制在毫米方格纸上。为了明显地表示地面管线中线方向上的起伏变化,一般纵向比例尺比横向比例尺大 10 倍或 20 倍,如里程比例尺为 1∶500,则高程比例尺为 1∶50。具体绘制方法如下。

①如图 11.39 所示,在毫米方格纸上合理位置绘出水平线(图中水平粗线),水平线以上绘制管道纵断面图,水平线以下各栏须注记设计、计算和实测的有关数据。

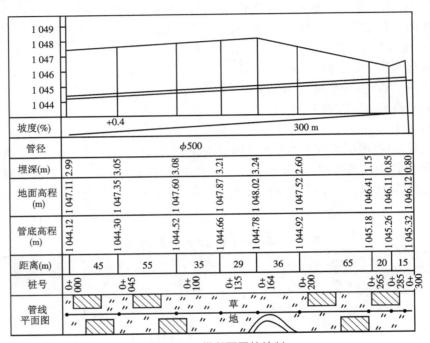

图 11.39　纵断面图的绘制

②根据横向比例尺,在距离、桩号和管道平面图等栏标出各中桩桩位,在距离栏注明各相邻桩间距。根据带状地形图绘制管道平面图,在地面高程栏填注各桩实测高程,凑整到厘米(排水管道技术设计的断面图上高程注记到毫米)。

③在水平粗线上部,按纵向比例尺,根据各中桩的实测高程,在相应的垂线上定出各点位置,再用直线连接各相邻点,得纵断面图。

④根据设计坡度,在纵断面图上绘出管道的设计坡度线,在坡度栏注明方向。

⑤计算各中桩的管底高程。管道起点高程一般由设计线给定,管底高程则是根据管道起点高程、设计坡度及各桩的间距,逐点推算而来的。例如, 0+000 的管底设计给定的高程为 1 044.12 m,管底坡度为+0.4%,则 0+100 的管底高程为

$$1\ 044.12+0.4\% \times 100 = 1\ 044.12+0.4 = 1\ 044.52\ m$$

⑥计算各中桩点管道埋深,用地面高程减管底高程。

除上述基本内容外,还应把本管线与四周相邻管线相接处、交叉处以及与之交叉的地下构筑物等在图上绘出。

11.6.3 管道横断面图测量

管道横断面图是用来表示垂直于管线方向上一定距离内的地面起伏变化情况,是施工时确定开挖边界线和土方估算的依据。在各中桩处,垂直于中线的方向,测出各特征点到中桩的平距和高差,根据这些测量数据所绘的断面图就是管道横断面图。

横断面图的施测宽度一般是由管道埋深和管道直径来确定的。一般要求每侧 15~30 m。施测时,用十字定向架定出横断面图方向(如图 11.40 所示),用木桩或测钎插入地上作为地面特征点标志。各特征点的高程一般与纵断面水准测量同时进行,这些点通常被当成中间点进行测量。现以图 11.38 中测站 2 为例,说明 0+100 横断面水准测量的方法。

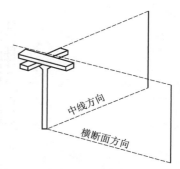

图 11.40 十字定向架确定横断面图方向

水准仪安置在测站 2 点上,后视 0+000,读数 2.054,前视 0+100,读数 1.565,此时仪器视线高程为 1 049.160 m;再逐点测出 0+100 的距离,记入表 11.5 中,如"左 2"表示此点在管道中线左侧,距中线 2 m;仪器视线高减去各点中视,得各特征点高程。

表 11.5 横断面水准测量记录手簿

测站	桩号	水准尺读数(m)			视线高程(m)	高程(m)	备注
		后视	前视	中视			
2	0+000					1 047.106	
	0+100					1 047.598	
	左 2			1.10		1 048.06	
	左 2.8			1.73		1 047.43	
	左 15	2.054	1.562	1.90	1 049.160	1 047.26	
	左 20			2.11		1 047.05	
	右 1.8			1.55		1 047.61	
	右 2.4			1.00		1 048.16	
	右 20			1.62		1 047.54	

绘制横断面图均以各中桩为坐标原点,水平距离为横坐标,各特征点高程为纵坐标,将各地面特征点绘在毫米方格纸上。为了便于计算横断面面积和确定开挖边界线,纵、横坐标比例尺要求一致,通常用 1∶100 或 1∶200。

绘制时,先在毫米方格纸上由下而上以一定间隔定出断面的中心位置,注明相应的桩号和高程,然后根据记录的水平距离和高差,按规定的比例尺绘出地面上各特征点的位置,再用直线连接相邻点,绘出横断面图,如图 11.41 所示。

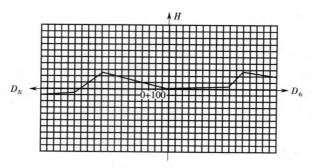

图 11.41　横断面图的绘制

管道横断面图精度要求一般不高,为了方便起见,可利用大比例尺地形图绘制。如果管线两侧地势平缓且管槽开挖不宽,横断面测量可以不必进行,计算土方量时,中桩高程认为与横断面上地面高程一致。

11.6.4　管道施工测量

管道施工测量的内容与施工管道设置状态的不同有关。架空管道施工时,要测设管道中线、支架基础平面位置及标高等;地面敷设管道施工测量时,主要测设管道中线及管道坡度等;地下管道施工时,需要测设中线、坡度、检查井位以及开挖沟槽等。现以地下管道全线开挖施工为例说明管道施工测量。

1. 中线检核与测设

管道施工前,应先熟悉有关图纸和资料,了解现场情况及设计意图。必要的数据和已知主点位置应认真查对,然后再进行施工测量工作。

管道勘测设计阶段已经在地面标定了管道的中线位置,但由于时间的变化,主点、中点标志可能移位或丢失,因此施工时必须对中线位置进行检核。如果主点标志移位、丢失或设计变更,则需要重新进行管道主点测设。勘测时中线桩一般比较稀疏,施工时需适当加密中线桩。

2. 标定检查井位置

检查井是地下管道工程中的一个组成部分,需独立施工,因此应标定位置。标定井位一般用钢尺沿中线逐个进行,并用大木桩加以标记。

3. 设置施工控制桩

管道施工期间,中线上各桩将被挖掉,为了便于恢复中线和检查井的位置,应在施工开挖沟槽外不受施工破坏、引测方便、易于保存的地方设置施工中线控制桩和检查井控制桩。如图 11.42 所示,主点控制桩可在中线的延长线上设置两个控制桩。检查井控制桩可在垂直于中线方向两侧各设置一个控制桩或建立与周围固定地物之间的距离关系,使井位可以随时恢复。

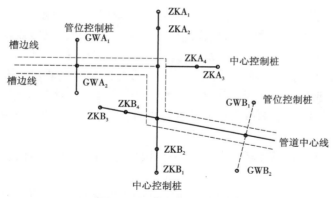

图 11.42　管道施工控制桩

4. 槽口放线

管道施工槽口宽度与管径、埋深以及土质情况有关。施工测量前应查看管道横断面设计图,先确定槽底宽度,再确定槽口宽度。槽口宽度取决于管径、挖掘方式和布设容许偏差等因素,另外还应考虑土质情况和边坡的稳定性。管道的埋深直接根据设计图确定。

5. 施工测量标志的设置

管道施工时,为了随时恢复管道中线和检查施工标高,一般在管线上要设置专用标志。当施工管道管径较小、管沟较浅时,可以在管线一侧设置一排平行于管道中线的轴线桩,如图 11.43 所示,该轴线桩的测设以不受施工影响和方便测设为准。当施工管道管径较大、管沟较深时,沿管线每隔 10~20 m 应设置跨槽坡度板,坡度板应埋设牢固,顶面水平。根据中线控制桩,用经纬仪将中线投测到坡度板上,并钉上小钉作为中线钉,在坡度板侧面注明该中线钉的里程桩号,相邻中线钉的连线为管道中线方向,然后在其上悬挂垂线,可将中线位置投测到槽底,用于控制沟槽开挖和管道安装。为了控制沟槽开挖深度,可根据附近水准点,测出各坡度板顶端高程,板顶高程与管底高程之差,就是开挖深度。

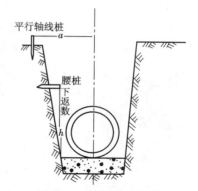

图 11.43　管道施工测量
标志的设置

11.6.5　管道竣工测量

管道竣工测量的目的是客观地反映管道施工后的实际位置和尺寸,以便查明与原设计的符合程度。这是检验管道施工质量的重要内容,并为建成后的使用、管理、维修和扩建提供重要的依据。它也是建筑区域规划的必要依据和城市基础地理信息系统的重要组成部分。

管道竣工测量的主要工作是测绘并注记管道种类、管径及管道主点、检查井等,标注其相关高程,提供管道竣工平面图,有时还应测绘管道竣工纵断面图。

城市及厂区管线种类很多,往往无法将各种管线都绘制在同一张平面图上,可以分类绘制不同管道的竣工平面图。

竣工平面图主要测绘管道的主点、检查井位置及附属构筑物施工后的实际位置和高程。图上应注明检查井编号、检查井井口高程、给(排)水的管顶(底)高程以及管径等相关数据。管道中的阀门、消火栓、排气装置和预留口等应按统一符号标注。

测绘竣工平面图,可充分利用原有控制点,如不能满足测图要求,可根据需要重新布设加密控制桩。有实测的大比例尺地形图时,可以利用永久建筑物用图解法量测绘制出管道及构筑物的位置。管线竣工测量的精度要求较高时,需测定管线的主点坐标及准确高程,并注记于图上。

管道工程多属地下隐蔽工程,竣工测量的时效性很强,应在回填前及时进行,以提高工效并保证测量的质量。

旧有地下管线没有竣工图而尚须测绘时,应尽量收集旧管道资料,再到实地核对,调查清楚后,逐点测量并绘制成图。确实无法核实的直埋管道,可在图上画虚线示意。进行下井调查要注意人身安全,防止有毒、易燃、易爆气体及腐蚀液体等的危害,特别是管线的调查应办理相应手续并在相关部门的配合下调查和施测。

任务 11.7　竣工总平面图的编绘

11.6 竣工总平面图的编绘

由于建筑施工过程中的设计变更、施工误差和建筑物的变形等原因,使得建(构)筑物的竣工位置往往与原设计位置不完全相符。为了更确切地反映建筑工程竣工后的现状,为工程验收和以后的管理、维修、扩建、改建、事故处理提供依据,必须进行建筑竣工测量和编绘竣工总平面图。

竣工总平面图应包括坐标系统、竣工建(构)筑物的位置和周围地形、主要地物点的解析数据,还应附必要的验收数据、说明、变更设计书及有关附图等资料。竣工总平面图的编绘包括竣工测量和资料编绘两方面内容。

11.7.1　竣工测量

每一个单项工程完成后,必须由施工单位进行竣工测量,提出工程的竣工测量成果,作为编绘竣工总平面图的依据。竣工测量的内容包括以下几项。

①工业厂房及一般建筑物:各房角坐标、几何尺寸,地坪及房角标高,附注房屋结构层数、面积和竣工时间等。

②地下管线:测定检修井、转折点、起终点的坐标,井盖、井底、沟槽和管顶等的高程,附注管道及检修井的编号、名称、管径、管材、间距、坡度和流向。

③架空管线:测定转折点、结点、交叉点和支点的坐标,支架间距、基础标高等。

④特种构筑物:测定沉淀池、烟囱、煤气罐等及其附属构筑物的外形和四角坐标,圆形构筑物的中心坐标,基础面标高,烟囱高度和沉淀池深度等。

　　⑤交通线路:测定线路起终点、交叉点和转折点坐标,曲线元素,路面、人行道、绿化带界线等。

　　⑥室外场地:测定围墙拐角点坐标,绿化地边界等。

　　竣工测量与地形图测量的方法相似,不同之处主要是竣工测量要测定许多细部点的坐标和高程,因此图根点的布设密度要大一些,细部点的测量精度要精确至厘米。

11.7.2　竣工总平面图的编绘

　　编绘竣工总平面图时,须掌握的资料有设计总平面图、系统工程平面图、纵横断面图及变更设计的资料、施工放样资料、施工检查测量及竣工测量资料。

　　编绘时,先在图纸上绘制坐标格网,再将设计总平面图上的图面内容按其设计坐标用铅笔展绘在图纸上,以此作为底图,用红色数字在图上表示出设计数据。每项工程竣工后,根据竣工测量成果用黑色绘出该工程的实际形状,并将其坐标和高程注在图上。黑色与红色数值之差,为施工与设计之差。随着施工的进展,逐步在底图上用铅笔线绘成黑色线。经过整饰和清绘,即成为完整的竣工总平面图。

　　厂区地上和地下所有建筑物、构筑物如果都绘在一张竣工总平面图上,线条过于密集而不便于使用时,可以采用分类编图,如综合竣工总平面图、交通运输竣工总平面图、管线竣工总平面图等。比例尺一般采用 1∶1 000,如不能清楚地表示某些特别密集的地区,也可局部采用 1∶500 的比例尺。

　　如果施工单位较多,多次转手,造成竣工测量资料不全、图面不完整或与现场情况不符时,必须进行实地施测,再编绘竣工总平面图。

　　竣工总平面图的符号应与原设计图的符号一致。原设计图没有的图例符号,可使用新的图例符号,但应符合现行总平面设计的有关规定。在竣工总平面图上一般要用不同的颜色表示不同的工程对象。

　　竣工总平面图编绘完成后,应经原设计及施工单位技术负责人审核、会签。

课后思考

　　1. 请叙述条形基础的轴线投测方法。

　　2. 独立柱基础如何投测轴线和控制高程?

　　3. 桩基础如何控制高程?

　　4. 激光铅垂仪和激光墨线仪各有什么作用?

　　5. 如何用外控法引测十字控制线?

　　6. 柱的垂直度如何检测?

　　7. 叙述设投测孔法的操作步骤。

　　8. 如何将控制线引测到作业层?

　　9. 请叙述钢屋架的垂直度的校正。

　　10. 请叙述钢结构安装工程的测量顺序。

　　11. 筒仓结构如何定位和控制中线?

12. 筒仓结构施工时如何传递高程？
13. 如何进行管道中线测量？
14. 竣工测量的内容包括哪些？

项目 12

建筑物的变形观测

项目概述 📍

本项目主要介绍建筑变形观测的作用;沉降观测、裂缝观测、位移观测的观测内容和观测步骤。

学习目标 📍

知识目标:了解建筑变形观测的作用;掌握沉降观测、裂缝观测、位移观测的观测内容和步骤。

技能目标:能正确选用仪器进行沉降观测、裂缝观测和位移观测。

素养目标:①培养不畏艰辛、吃苦耐劳的测绘精神;②注重养成认真细致、精益求精的工作作风;③逐步培养沟通交流的习惯、分工协作的团队意识。

关键内容 📍

重点:建筑变形观测的作用;沉降观测、裂缝观测、位移观测的观测内容和观测步骤。

难点:裂缝观测、位移观测的观测内容和观测步骤。

任务 12.1 建筑变形观测的内容与要求

12.1.1 建筑变形观测的基本概述

课程思政:铁路测绘,护航中国速度

12.1 基准点和观测点的设置

建筑变形观测是指测定建筑物及其地基在建筑物本身的荷载或外力作用下,一定时间内所产生的变形量及其数据的分析和处理工作。利用观测设备观测建筑物在荷载和各种影响因素作用下产生的结构位置和总体形状的变化,这种变化在一定范围内,可视为正常现象,但超过某一限度会影响建筑物的正常使用,严重的还会危及建筑物的安全。随着高大建筑的增多和古建筑的维修,必须进行建筑物的变形观测。

变形观测工作愈来愈受到人们的重视。为了建筑物的安全使用,研究变形的原因和规律,为建筑设计、施工、管理和科学研究提供可靠的资料,建筑施工和运行管理期间,必须进行建筑物的变形观测。

与常规测量相比,变形观测的显著特点是测量精度要求较高,一般性的要达到毫米级,重要的或变形比较敏感的则要达到 0.1 mm 甚至 0.01 mm。因此,变形观测多属于精密测量。

12.1.2　变形的分类

1. 按变形时间长短分

①长周期变形：建筑物自重引起的沉降和倾斜等。

②短周期变形：温度变化(如日照)引起的建筑物变形等。

③瞬时变形：风震引起的高大建筑物的变形等。

2. 按变形类型分

①静态变形：物体的局部位移。其观测结果只表示建筑物在某一期间内的变形值,定期沉降观测值等。

②动态变形：受外力影响而产生。其观测结果表示建筑物在某瞬间的变形,风震引起的变形等。

12.1.3　变形观测的作用

通过变形观测,一方面可以监视建筑物的变形情况,以便发现异常变形时可以及时进行分析、研究、采取措施、加以处理,防止事故发生,确保施工和建筑物的安全,因此,变形观测又常常称为变形监测;另一方面,通过对建筑物的变形进行分析研究,可以检验设计和施工是否合理、反馈施工的质量,为今后的修改和制订设计方法、规范以及施工方案等提供依据,减少工程灾害、提高抗灾能力。变形观测的意义非常重大,必须予以高度重视。

12.1.4　变形观测的内容和要求

变形观测的内容,应根据建筑物的性质与地基情况而定,要求针对性强,全面考虑,重点突出,正确反映建筑物的变化情况,以达到监视建筑物安全运营,了解其变形规律的目的。对于不同用途的建筑物,变形观测的重点和要求有所不同,例如对于建筑物的基础,主要观测内容是均匀沉降和不均匀沉降,计算出累计沉降量、平均沉降量、相对弯曲、相对倾斜、平均沉降速度,绘制出绝对沉降分布图。如果地基在软土地带,采用的是桩基础,还需要确定其水平位移。对于建筑物本身,主要是倾斜和裂缝观测。对于厂房内的结构(如吊车轨道、吊车梁)除上述观测内容外,还有挠度观测。而塔式与圆形(如烟囱、水塔、电视塔)等高大建筑物,主要是倾斜观测和瞬时变形观测。

综上所述,变形测量的主要内容包括沉降观测、水平位移观测、裂缝观测、倾斜观测、挠度观测和振动观测。每一种建筑物的观测内容,应根据建筑物的具体情况和实际要求综合确定测量项目。

12.1.5　变形观测的要求

变形观测的精度要求取决于工程建筑的预计允许变形值的大小和进行观测的目的。观测目的通常分为检查施工、监视建筑物安全和研究变形过程三种情况。一般来说检查施工对建筑物变形观测精度的要求较低,监视安全稍高,研究变形过程要求精度最高。

由于工程建设项目种类很多,工程复杂程度不同,观测周期不一样,对变形观测的精度要求定出统一的标准比较困难。通常"以当时达到的最高精度为标准"进行观测。建筑变形观测的精度要求应掌握在允许变形值的 1/10~1/20,摆动幅度较大,取值灵活,易被人们接受。

根据国家标准《建筑变形测量规范》(JGJ 8—2016)变形观测等级划分及精度要求见表12.1。

表 12.1　变形测量的等级划分和精度要求

等级	沉降监测点 测站高差中误差（mm）	位移监测点 坐标中误差（mm）	主要适用范围
特等	0. 05	0. 3	特高精度要求的变形测量
一等	0. 15	1. 0	地基基础设计为甲级的建筑的变形测量;重要的古建筑、历史建筑的变形测量;重要的城市基础设施的变形测量等
二等	0. 5	3. 0	地基基础设计为甲、乙级的建筑的变形测量;重要场地的边坡监测;重要的基坑监测;重要管线的变形测量;地下工程施工及运营中的变形测量;重要的城市基础 设施的变形测量等
三等	1. 5	10. 0	地基基础设计为乙、丙级的建筑的变形测量;一般场地的边坡监测;一般的基坑监测;地表、道路及一般管线的变形测量;一般的城市基础设施的变形测量;日照变形测量;风振变形测量等
四等	3. 0	20. 0	精度要求低的变形测量

注:①沉降监测点测站高差中误差:对水准测量,为其测站高差中误差;对静力水准测量、三角高程测量,为相邻沉降监测点间等价的高差中误差;

②位移监测点坐标中误差:指的是监测点相对于基准点或工作基点的坐标中误差、监测点相对于基准线的偏差中误差、建筑上某点相对于其底部对应点的水平位移分量中误差等。坐标中误差为其点位中误差的 $1/\sqrt{2}$ 倍。

建筑变形观测的内容包括垂直位移和水平位移两个方面,垂直位移就是沉降,不均匀的沉降会使建筑物产生倾斜和裂缝。

变形观测和观测周期应综合考虑建筑物的特征、形状大小、结构形式、高度、荷载、变形速率、观测精度要求和工程地质情况条件等因素综合考虑。在观测过程中,应根据变形量的大小适当调整观测周期。

根据观测结果,应对变形观测的数据进行分析,得出变形的规律和变形的大小,以判定建筑物是趋于稳定,还是变形继续扩大。如果变形继续扩大,变形速率加快,说明变形将超出允许值,会影响建筑物的正常使用。如果变形量逐渐缩小,说明建筑物趋于稳定,到达一定程度,可终止观测。

12.2 建筑物沉降变形方法

任务 12.2　沉降观测

随着工业与民用建筑业的发展,各种复杂而大型的工程建筑物日益增多,工程建筑物的兴建,改变了地面原有的状态,并且对于建筑物的地基施加了一定的压力,这就必然会引起地基及周围地层的变形。为了保证建筑物的正常使用寿命和建筑物的安全性,为以后的勘察设计施工提供可靠的资料及相应的沉降参数,建筑物沉降观测的必要性和重要性愈加明显。

建筑物沉降观测采用水准测量的方法,周期性地观测建筑物上的沉降观测点和水准基点之间的高差变化值。对于高层建筑物,重要厂房的柱基及主要设备基础,连续性生产和受震动较大的设备基础,工业高炉,水塔和烟囱,地下水位较高或大孔性地基的建筑物,人工加固的地基,回填土以及建造在不良地基上的建筑物等,都应进行系统的沉降观测。

12.2.1　水准基点和沉降观测点的布设

1. 水准基点的布设

沉降观测是根据水准点进行的。水准点是测量观测点沉降量的高程控制点,为保证水准点高程的正确性和便于互相检核,一般应埋设不得少于三个水准点,水准点应深埋。埋设要求:首先是保证有足够的稳定性,高程不变;其次是使用方便,水准点和观测点不能相距太远,一般应在 20~100 m。必须将水准点设置在受压、受震的沉降影响的范围以外。有条件的情况下,基点可筑在基岩或永久稳固建筑物的墙角上。在冰冻地区,水准点一般埋设在冻土深度线以下 0.5 m 处。水准基点可以用相对高程,也可以用绝对高程。

水准基点的埋设示意如图 12.1 所示。

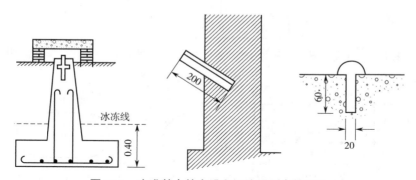

图 12.1　水准基点的布设和沉降观测点的埋设

2. 沉降观测点的布设

进行沉降观测的建筑物上应埋设沉降观测点,其数量和位置应能全面反映建筑物的沉降情况,这与建筑物的大小、形状、结构、荷载及地质条件等有关。观测点一般是沿房屋的周围每隔 10~20 m 设置一点,但在荷载有变化部位、平面形状改变处、沉降缝的两侧、有代表性的柱子基础上、地质条件变化或不良处,设备基础四周、动荷载周围应均匀设置足够的观测点。当房屋宽度大于 15 m 时,还应在房屋内部承重墙等有关地点设置观测点。观测点可设在基础面上,也可设在接近基础的墙体上。观测点的标志形式可用圆钢或铆钉预埋在基础内,或用角钢或钢筋加工成的标志埋在墙或柱子上,如系钢结构,可将观测点焊在钢柱上。沉降观测标志埋设位置应视线开阔,没有遮挡。

观测点的表面要光滑、上部呈半圆形,且不生锈。对于高级装修的建筑,观测点可做成隐蔽式的,观测时将球形标志旋入螺孔内,观测结束再将圆形盖旋上,以免碰撞破坏,损坏建

筑物的美观。

高耸建筑物,电视塔、烟囱、水塔、大型贮藏罐等的观测点应布设在基础轴线的对称部位,且不少于四个观测点。

沉降观测点的布设示意如图12.2至图12.5所示。

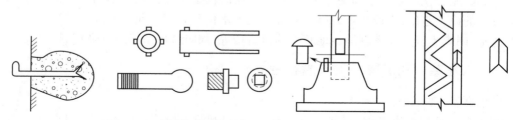

图12.2 观测点的形式(墙上、隐蔽、柱子基础上、焊接钢架上)

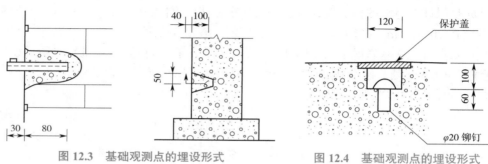

图12.3 基础观测点的埋设形式　　图12.4 基础观测点的埋设形式

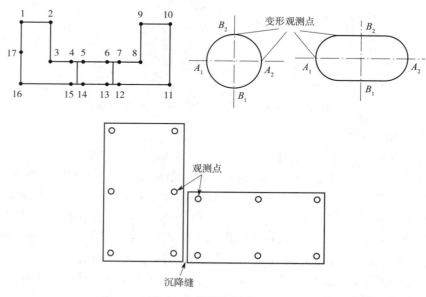

图12.5 观测点的布设图

12.2.2　沉降观测

建筑物的沉降观测通常是根据水准点,用水准仪定期进行水准测量方法进行的。根据固定的水准点的高程,确定建筑物上观测点的高程的变化情况,了解建筑物的沉降情况,从而计算出沉降量。

1. 四个等级的观测方法

一等:除按国家一等精密水准测量的技术要求实施外,尚需设双转点,视线≤15 m,前后视差≤0.3 m,间距累距≤1.5 m,精密液体静力水准测量和微水准测量。

二等:按国家一等精密水准测量的技术要求实施精密液体静力水准测量,微水准测量。

三等:按国家二等精密水准测量的技术要求实施精密液体静力水准测量。

四等:按国家三等精密水准测量的技术要求实施精密液体静力水准测量,短视线三角高程测量。

精度要求不高的沉降观测,可用 DS 水准仪和双面尺,按三、四等水准测量的方法及精度进行观测。高层建筑物或大型建筑物以及桥梁、大坝的沉降观测,通常采用 DS、DSs 精密水准仪。

中、小型厂房和建筑物,可采用普通水准测量;大型厂房和高层建筑,应采用精密水准测量方法。沉降观测的水准路线,从一个水准基点到另一水准基点,应形成闭合线路。与一般水准测量相比,不同的是视线长度较短,一般不大于 25 m,一次安置仪器可以有几个前视点。为了提高观测精度,可采用"三固定"的方法,固定人员,固定仪器和固定施测路线、镜位与转点。由于观测水准路线较短,闭合差一般不会超过 1~2 mm,闭合差可按测站平均分配。

水准点之间要定期进行复测,以检查其稳定性。

2. 沉降观测时间和周期

建筑物沉降量与施工进度及荷载有直接关系,沉降观测工作一般宜在基础施工或基础垫层浇灌后开始观测。施工期间每次增加较大荷重前后均应施测基础浇灌;回填;安装柱子、屋架;每砌筑砖墙一个楼层;设备安装、运转;电视塔、烟囱等每增高 10~15 m;停工时和复工前,都应进行沉降观测。竣工后要按沉降量的大小,定期进行观测。一般情况下,为安全运行和维修管理,竣工后投入使用开始每隔一个月观测 1 次,连续观测 3 或 6 次,后一年观测 2~4 次,最后一年观测 1~2 次,直到沉降稳定时为止。半年内沉降量不超过 1 mm 时,认为已稳定。

建筑物完成后,均匀沉降是连续三个月内月平均沉降量不超过 1 mm 时,每三个月观测一次,连续两次每三个月内平均沉降量不超过 2 mm 时,每六个月观测一次;外界发生剧烈变化时,地震、滑坡、水患等发生后应及时观测;交工后建设单位应每六个月观测一次;直至基本稳定,不再沉降,平均每 100 天沉降量小于 1 mm 为止。

沉降观测是一项长期的连续观测工作,为了保证观测成果的正确性,应尽可能做到观测人员固定,使用固定的水准基点、固定的水准仪和水准尺,并按规定的日期、方法,按既定的路线、测站进行观测。

12.2.3 沉降观测的成果整理

1. 整理原始记录

每次观测结束后,应检查记录的数据和计算是否正确,精度是否合格,然后调整高差闭合差,推算出各沉降观测点的高程,填入沉降观测成果表中。

2. 计算沉降量

根据水准点的高程和改正后的高差计算各观测点的高程,各观测点的本次观测所得的高程与上次观测得的高程之差,为该观测点的本次沉降量,每次沉降量相加得累计沉降量,计算内容和方法如下。

①计算各沉降观测点的本次沉降量。沉降观测点的本次沉降量等于本次观测所得的高程减去上次观测所得的高程。

②计算累积沉降量。累计沉降量等于本次沉降量与上次累积沉降量之和。

③将计算出的沉降观测点本次沉降量、累计沉降量和观测日期、荷载情况等记入沉降观测成果表中,如表12.2。

表 12.2　沉降观测记录表

观测次数	观测时间	各观测点的沉降情况							施工进展情况	荷载情况 (t/m²)
		1			2			…		
		高程 (m)	本次下沉 (mm)	累计下沉 (mm)	高程 (m)	本次下沉 (mm)	累计下沉 (mm)	…		
1	1985-1-10	50.454	0	0	50.473	0	0	…	一层瓶口	
2	1985-2-23	50.448	−6	−6	50.467	−6	−6		三层瓶口	40
3	1985-3-16	50.443	−5	−11	50.462	−5	−11		五层瓶口	60
4	1985-4-14	50.440	−3	−14	50.459	−3	−14		七层瓶口	70
5	1985-5-14	50.438	−2	−16	50.456	−3	−17		九层瓶口	80
6	1985-6-4	50.434	−4	−20	50.452	−4	−21		主体完工	110
7	1985-8-30	50.429	−5	−25	50.447	−5	−26		竣　工	
8	1985-11-6	50.425	−4	−29	50.445	−2	−28		使　用	
9	1986-2-28	50.423	−2	−31	50.444	−1	−29			
10	1986-5-6	50.422	−1	−32	50.443	−1	−30			
11	1986-8-5	50.421	−1	−33	50.443	0	−30			
12	1986-12-25	50.421	0	−33	50.443	0	−30			

水准点高程 BM1:49.538 m、BM2:50.132 m、BM3:49.776 m。

3. 绘制沉降曲线

沉降曲线分为两部分,时间与沉降量关系曲线和时间与荷载关系曲线。

（1）绘制时间与沉降量关系曲线

首先，以沉降量 S 为纵轴，时间 T 为横轴，组成直角坐标系；然后，以每次累积沉降量为纵坐标，每次观测日期为横坐标，根据每次观测日期和相应的沉降量画出各点的位置；最后，用曲线将各点依次连接起来，在曲线的一端注明沉降观测点号码，这样就绘制出了时间与沉降量关系曲线。

（2）绘制时间与荷载关系曲线

首先，以荷载 P 为纵轴，时间 T 为横轴，组成直角坐标系。再根据每次观测时间和相应的荷载画出各点位置，将各点依次连接起来，可绘制出时间与荷载关系曲线。还可以将以上两种曲线结合绘成一个图，横坐标仍为时间：T，纵坐标向上为荷载 P，纵坐标向下为累计沉降量 S，可绘制成沉降量与日期及荷载关系曲线图。横坐标下面为 $S\text{-}T$ 曲线，横坐标上面为 $P\text{-}T$ 曲线，该曲线图可以直观地看出各观测点的沉降的变化情况，如图 12.6 所示。

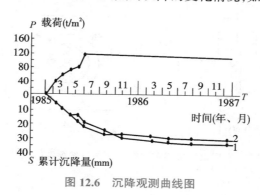

图 12.6　沉降观测曲线图

任务 12.3　水平位移观测

建筑物水平位移观测是测量建筑物在水平位置上随时间变化的位移量。测定某建筑物的水平位移时，应根据建筑物的形状和大小，布设专用的各种形式的平面控制网进行水平位移观测。

12.3.1　位移观测的内容

建筑物水平位移观测包括位于特殊性土地区的建筑物地基基础水平位移观测、受高层建筑基础施工影响的建筑物及工程设施水平位移观测以及挡土墙、大面积堆载等工程中所需的地基土深层侧向位移观测等，应测定在规定平面位置上随时间变化的位移量和位移速度。

12.3.2 观测措施

（1）仪器

水平位移观测尽可能选用先进的精密仪器。

设置强制对中固定观测墩（如图 12.7 和图 12.8 所示），使仪器强制对中，对中误差为零。一般为岩层水平位移观测墩和土层水平位移观测墩。观测墩各部分尺寸可参考图 12.7 和图 12.8，底座部分要求直接浇筑在基岩或最大冻土深度上，以确保其稳定性，并在观测墩顶面埋设固定的强制对中装置，该装置能使仪器及觇牌的偏心误差小于 0.1 mm。

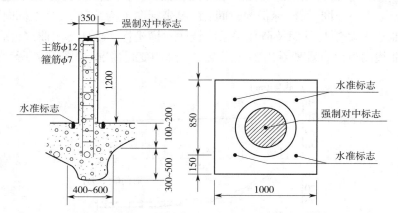

图 12.7　岩层水平位移观测墩剖面图与俯瞰图（单位:mm）

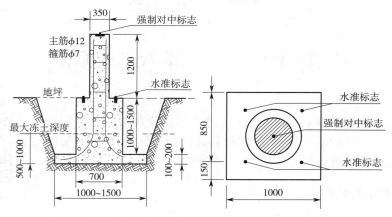

图 12.8　土层水平位移观测墩剖面图与俯瞰图（单位:mm）

（2）照准觇牌

目标点应设置成（平面形状的）觇牌，觇牌图案自行设计。视准线法的主要误差来源照准误差，研究觇牌形状、尺寸及颜色对于提高视准线法的观测精度具有重要意义。

觇牌设计应考虑以下五个方面:反差大、没有相位差、图案应对称、应有适当的参考面积、便于安置，如图 12.9 所示。观测时，觇牌应强制对中。

图 12.9　照准觇牌

12.3.3　基准点和观测点的设置

（1）基准点的设置

建筑物地基基础及场地的水平位移观测,宜按两个层次布设,由控制点组成控制网、由观测点及所联测的控制点组成扩展网;单个建筑物上部或构件的位移观测,可将控制点连同观测点按单一层次布设。

控制网可采用测角网、测边网、边角网或导线网,扩展网和单一层次布网可采用测角交会、测边交会、边角交会、基准线或附合导线等形式。各种布网均应考虑网形强度,长短边不宜过大。

基准点(包括控制网的基线端点、单独设置的基准点)、工作基点(包括控制网中的工作基点、基准线端点、导线端点、交会法的测站点等)以及联系点、检核点和定向点,应根据不同布网方式与构形,按《建筑变形测量规范》(JGJ 8—2016)中的有关规定进行选设。每一测区的基准点不应少于 2 个,每一测区的工作基点亦不应少于 2 个。

特级、一级、二级及有需要的三级位移观测的控制点,应建造观测墩或埋设专门观测标石,并应根据使用仪器和照准标志的类型,顾及观测精度要求,配备强制对中装置。强制对中装置的对中误差最大不应超过 ± 0.1 mm。

照准标志应有明显的几何中心或轴线,并应符合图像反差大、图案对称、相位差小和本身不变形等要求。根据点位不同情况可选用重力平衡球式标、旋入式杆状标、直插式觇牌、屋顶标和墙上标等形式的标志。

用作基准点的深埋式标志、兼作高程控制的标石和标志以及特殊土地区或有特殊要求的标石、标志及其埋设应另行设计。

（2）观测点的设置

观测点的位置:建筑物应选在墙角、柱基及裂缝两边等处;地下管线应选在端点、转角点及必要的中间部位;护坡工程应按待测坡面成排布点;测定深层侧向位移的点位与数量,应按工程需要确定。控制点的点位应根据观测点的分布情况来确定。

建筑物上的观测点,可采用墙上或基础标志;土体上的观测点,可采用混凝土标志;地下

管线的观测点,应采用窨井式标志。各种标志的形式及埋设,应根据点位条件和观测要求设计确定。

控制点的标石、标志,应按《建筑变形测量规范》(JGJ 8—2016)中的规定采用。膨胀土等特殊性土地区的固定基点,亦可采用深埋钻孔桩标石,但须用套管桩与周围土体隔开。

12.3.4 建筑物水平位移观测方法

水平位移观测的主要方法有前方交会法、精密导线测量法、基准线法,基准线法又包括视准线法(测小角法和活动觇牌法)、激光准直法、引张线法等。水平位移的观测方法可根据需要与现场条件选用,见表 12.3。

表 12.3 水平位移观测方法的选用

序号	具体情况或要求	方法选用
1	测量地面观测点在特定方向的位移	基准线法(包括视准线法、激光准直法、引张线法等)
2	测量观测点任意方向位移	可视观测点的分布情况,采用前方交会法或方向差交会法、精密导线测量法或近景摄影测量等方法
3	对于观测内容较多的大测区或观测点远离稳定地区的测区	宜采用三角、三边、边角测量与基准线法相结合的综合测量方法
4	测量土体内部侧向位移	可采用测斜仪观测方法

12.3.5 建立基准线的方法

建立基准线的方法有视准线法、引张线法、激光准直法等。

(1)视准线法

视准线法是由经纬仪的视准面形成固定的基准线,以测定各观测点相对基准线的垂直距离的变化情况,而求得其位移量。采用此方法,首先要在被测建筑物的两端埋设固定的基准点,以此建立视准基线,然后在变形建筑体布设观测点。观测点应埋设在基准线上,偏离距离不应大于 2 cm,一般每隔 8~10 m 埋设一点,并作好标志。观测时,经纬仪安置在基准点上,照准另一个基准点,建立视准线方向,以测微尺测定观测点至视准线的距离,从而确定其位移量。

测定观测点至视准线的距离还可以测定视准线与观测点的偏离角度,通过计算求得,这些角很小,称为"小角法"。小角 B 的测定通常采用仪器精度不低于 2″ 的经纬仪,测回数不小于 4 个测回,仪器至观测点的距离 d 可用测距仪或钢尺测定,其水平位移 Δ 值为

$$\Delta = \frac{\Delta\beta}{\rho}d \tag{12.1}$$

为了保证精度,基准点之间距离不可太近,最少要大于 30 m。

(2)引张线法

引张线法是在两固定端点之间用拉紧的不锈钢作为固定的基准线。由于各观测点上的标尺是与建筑体固连的,所以对不同的观测期,钢尺在标尺上的读数变化值,就是该观测点

的水平位移值。引张线法常用在大坝变形观测中,引张线安置在坝体廊道内,不受外界的影响,有较高的观测精度。

（3）激光准直法

激光准直法可以通过望远镜发射高精度激光束,在观测点上用光电接收器接收、用以观测建筑物的水平位移,精度高而且方便。

（4）控制点观测法

非线性建筑物受场地条件限制,建立基准线不方便,可采用精密导线法,也可利用变形影响范围以外的控制点,用前方交会法、极坐标法等方法。将每次观测求得的坐标值与前次比较,求得纵、横坐标增量 $\Delta x, \Delta y$,从而得到水平位移量 Δ 值为

$$\Delta = \sqrt{\Delta x^2 + \Delta y^2}$$

（12.2）

其精度与观测夹角精度有关。

水平位移观测的周期:地基不良地区的观测,可与同时进行的沉降观测协调考虑确定;受基础施工影响的有关观测,应按施工进度的需要确定,可逐日或隔数日观测一次,直至施工结束;土体内部侧向位移观测,应视变形情况和工程进展而定。

12.3.6 资料分析

观测工作结束后,应提交下列成果:水平位移观测点位布置图;观测成果表;水平位移曲线图;地基土深层侧向位移图,如图 12.10 所示;基础的水平位移与沉降同时观测时,可选择典型剖面,绘制两者的关系曲线;观测成果分析资料。

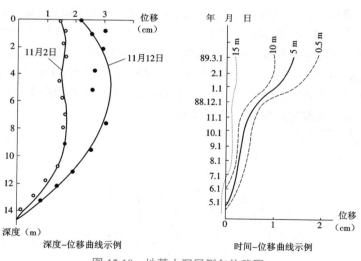

图 12.10 地基土深层侧向位移图

任务 12.4　建筑物倾斜观测

12.4 建筑物倾斜观测

建筑物产生倾斜的原因主要是地基承载力的不均匀、建筑物体型复杂形成不同荷载及受外力风荷、地震等影响引起建筑物基础的不均匀沉降。测定建筑物倾斜度随时间变化的工作叫倾斜观测。

为了分析因建筑物的倾斜而影响其稳定性,应进行建筑物的倾斜观测,以便及时采取措施。建筑物的倾斜通常用倾斜度 i 表示,即

$$i = \tan\alpha = \frac{\Delta D}{H}$$

（12.3）

式中　α——倾斜角;

　　ΔD——建筑物上部与下部的相对位移,称为倾斜位移量;

　　H——建筑物高度。

由式（12.3）可知,要求得 i 值,就要测出 ΔD 和 H,建筑物高度 H 可以用直接丈量或间接丈量求得,因此倾斜观测主要是测定 ΔD 的值。

12.4.1　一般建筑物的倾斜观测

一般建筑物的倾斜观测采用投点法,根据经纬仪的视准轴绕横轴旋转所形成的面一定是竖直面的原理将建筑物上的倾斜点投影到固定点,从而求得偏距,确定其倾斜度。

墙体相互垂直的高层建筑,如图 12.11 所示,设定 M、P 为观测点,将经纬仪安置在大于建筑物高度的 2 倍的 A 点,照准高层 M,用盘左盘右分中法定出低点 N,同样方法在另一侧面,仪器安置在 B 点用点 P 测定 Q 点。经过一段时间后,仪器分别安置在 A、B 点,按正倒镜方法分别定出 N'、Q' 点。若 N' 与 N、Q 与 Q' 不重合,说明建筑物产生倾斜,此时用钢尺量出其位移值 ΔA、ΔB,求得建筑物的总位移量为

$$\Delta D = \sqrt{\Delta A^2 + \Delta B^2}$$

（12.4）

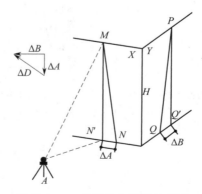

图 12.11　一般建筑物的倾斜观测

根据总偏移值 ΔD 和建筑物的高度 H 可计算出倾斜度 i。

12.4.2　塔式建筑物的倾斜观测

测定塔式建筑物(水塔、烟囱等)的倾斜度时,是在互相垂直的两个方向上,测定顶部圆心对底部中心的偏移值,如图 12.12 所示。

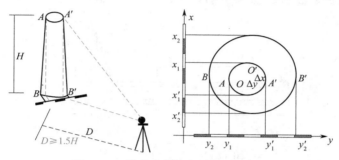

图 12.12　塔式建筑物变形观测示意图

可在靠近建筑物底部地面上相互垂直的方向,平稳地横放水准尺 A、B,在垂直于水准尺的方向上,在距建筑物底大于建筑物高度 H 处,安置一架经纬仪,经纬仪分别照准顶部及底部边缘,投测到标尺上,读数 x_1、x_2、x_1'、x_2',在另一侧投测到标尺上,读数分别为 y_1、y_2、y_1'、y_2'。顶部中心 O 对底部圆心 O',在 y 方向的偏移值 Δy 为

$$\Delta y = \frac{y_1 + y_1'}{2} - \frac{y_2 + y_2'}{2} \tag{12.5}$$

在 x 方向的顶部中心 O 的偏移值 Δx 为

$$\Delta x = \frac{x_1 + x_1'}{2} + \frac{x_2 + x_2'}{2} \tag{12.6}$$

用矢量相加的方法,计算出顶部中心 O 对底部中心 O' 的总偏移值 ΔD,即

$$\Delta D = \sqrt{\Delta x^2 + \Delta y^2} \tag{12.7}$$

根据总偏移值 ΔD 和塔式建筑物的高度 H 即可计算出倾斜度 i。

工业与民用建(构)筑物主体的倾斜观测,可以采用交会法、极坐标法、投影法、纵横距法、测水平角法、吊垂球法、铅垂仪法、激光位移计自动测记法、GPS 法、激光扫描仪法或近景摄影测量法等。

12.4.3　倾斜观测仪

倾斜观测仪常用的有水准管式倾斜仪、水平摆倾斜仪、气泡式倾斜仪和电子倾斜仪等。倾斜仪具有能连续读数、自动记录和数字传输等特点,有较高的观测精度,在倾斜观测中得到广泛应用。

下面简单介绍气泡式倾斜仪的使用。

如图 12.13 所示,气泡式倾斜仪是由一个高灵敏度的气泡水准管 e 和一套精密的测微器组成。

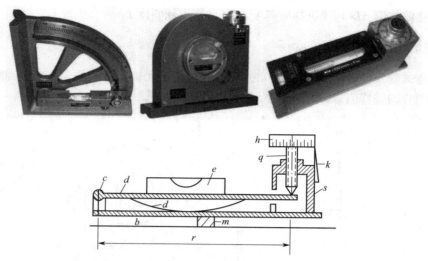

图 12.13　气泡式倾斜仪结构

气泡式水准管 e 固定在支架上,支架 a 可绕 c 点转动,支架 a 下装有弹簧片 d,使支架 a 与底板 b 接触,在底板 b 下装有置放装置 m,s 为测微杆连接器,s 与底板紧固在一起。通过 m 将倾斜仪安置在需要的位置上以后,转动读数盘 h,使测微杆 q 上下移动,压动支架 a 使气泡水准管 e 的气泡居中。

此时在度盘上读出初始读数 h_0。若基础发生倾斜变形,仪器气泡会发生偏移;为求取倾斜值需重新转动读数盘 h 使气泡居中,读出读数 $h_j(j=1,2,3,\cdots,n)$,n 为观测周期数,将初始读数 h_0 与周期读数 h_j 相减,可求得倾斜角。

为了实现倾斜观测的自动化,可采用电子水准器,如图 12.14 所示,它是在普通的玻璃管水准器的上、下方装 3 个电极 1、2、3,形成差动电容器。此电容器构成差动桥式电路图,如图 12.15 所示。设 u 为输入的高频交流电压,差动电容器 C_1 与 C_2,构成桥路的两臂,Z_1 和 Z_2,为阻抗,R 为负载电阻。电子水准器的工作原理是当玻璃管水准器倾斜时,气泡向旁边移动(x),使 C_1 与 C_2 中介质的介电常数发生变化,引起桥路两臂的电抗发生变化,因而桥路失去平衡,可用测量装置将其记录下来。

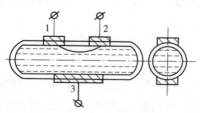

图 12.14　电子水准器结构

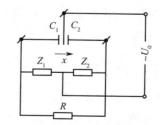

图 12.15　电容器的差动桥式电路图

这种电子水准器可固定地安置在建筑物或设备的适当位置,能自动地进行动态的倾斜观测。当测量范围在 $200''$ 以内时,测定倾斜值的中误差在 $\pm0.2''$ 以下。

倾斜仪和电子水准器有明显优点。但当建筑物变形范围很大,工作测点很多时,这类仪器就不如水准仪灵活。 因此,变形测量的常用方法仍是水准测量。

12.4.4 　激光铅垂仪

激光铅垂仪是利用激光器发射激光束,通过望远镜集射成一束可见又位于垂直位置光束的仪器、它的主要部件为氦氖激光器、发射望远镜、接收靶,如图 12.16 所示。

用激光铅垂仪进行倾斜观测是在顶部适当位置安置接收靶,在其垂线下的地面或地板上安置激光铅垂仪或激光经纬仪。按一定的周期观测,在接收靶上直接读取或量出顶部的水平位移量和位移方向。作业中仪器应严格置平、对中,应旋转 180° 观测 2 次取中数。对超高层建筑,当仪器设在楼体内部时,应考虑大气湍流影响。

建筑物立面上观测点数量较多或倾斜变形比较明显时,可采用近景测量的方法进行建筑物的倾斜观测。

建筑物倾斜观测的周期,可视倾斜速度每 1~3 个月观测一次,如遇基础附近因大量堆载或卸载,场地降雨长期积水多而导致倾斜速度加快时,应及时增加观测次数。施工期间的观测周期与沉降观测周期一致。

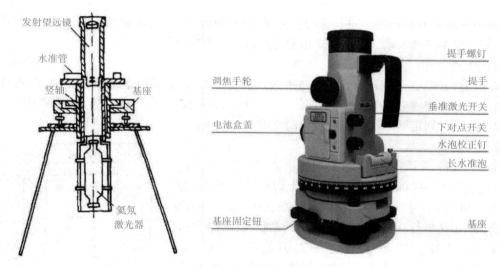

图 12.16 　激光铅垂仪

注意事项如下。

①建筑物立面上观测点数量较多或倾斜变形量大时,可采用激光扫描或数字近景摄影测量方法。

②倾斜观测应避开强日照和风荷载影响大的时间段。

③布设观测点时,一定要考虑经济因素,选取少量的点能控制住一个区域的,就不应多选,以免造成经济上不必要的浪费。此外,还要考虑点位应便于观测和长时间保存。

任务 12.5　建筑物裂缝观测

裂缝是在建筑物不均匀沉降情况下产生不容许应力及变形的结果。建筑物出现裂缝时,为了安全应立即进行裂缝观测,以便全面了解建筑物的变形情况,监视建筑物的安全,并查明原因,及时采取有效措施。

12.5.1　裂缝观测的内容

裂缝观测应测定建筑物上的裂缝分布位置,对裂缝进行编号,对每条裂缝进行定期观测,密切注意裂缝的位置、走向、长度、宽度等项目的发展变化情况,绘制裂缝分布图。为了系统地对裂缝变化进行观测,需要在裂缝处设置观测标志。

12.5.2　裂缝观测点的布设和常用方法

必须观测的裂缝应统一进行编号。每条裂缝至少应布设两组观测标志,一组在裂缝最宽处,另一组在裂缝末端。每组标志由裂缝两侧各一个标志组成。

（1）石膏标志

在裂缝两端抹一层石膏,宽度为 5~8 cm,厚度约 1 cm,长度视裂缝的大小而定,石膏干后,用红漆垂直裂缝方向绘几条红线,经一定时间,如石膏标记也出现裂缝,说明建筑物的裂缝在继续发展.则定期测量红线处裂缝的宽度并作记录。

（2）铁皮片标志

如图 12.17 所示,在裂缝两侧用两块镀锌薄铁皮,下边的一块稍宽大,为 200 mm × 200 mm;上边的一块稍小,为 50 mm × 200 mm;并使其中的一部分紧贴在相邻的方形铁片上,边缘相互平行,搭接长度约 75 mm,两铁片固定好后,在其表面涂上红油漆,下铁片被上铁片覆盖部分仍为原来颜色。裂缝扩展时、两铁片相互位移,露出下铁片上原被覆盖没有涂漆的部分,其宽度为裂缝加大的宽度,每隔一定时间观测一次,每次量取应做记录,相邻两次观测标记的距离就是裂缝变化的大小。

观测周期视裂缝大小、性质和开展速度而定。

（3）金属棒标志

如图 12.18 所示,在裂缝两侧埋设金属棒标志,标志中

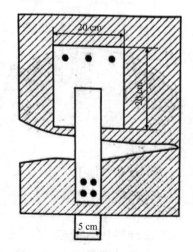

图 12.17　裂缝观测(铁皮标志)

心有十字,作为量测间距的依据,埋设稳定后,量出标志之间的距离 d,以后定期量测并进行比较,即可了解裂缝发展情况。

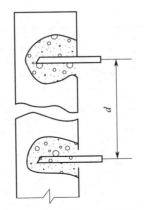

图 12.18　裂缝观测（金属棒标志）

12.5.3　裂缝观测方法

对于数量不多、易于量测的裂缝,可视标志形式不同,用比例尺、小钢尺或游标卡尺等工具定期量出标志间距离求得裂缝变化值,或用方格网板定期读取"坐标差"计算裂缝变化值;面积较大且不便于人工量测的众多裂缝宜采用近景摄影测量方法;当需连续监测裂缝变化时,还可采用测缝计或传感器自动测记方法观测。

在裂缝观测中,裂缝宽度数据应量取至 0.1 mm,每次观测应绘出裂缝的位置、形态和尺寸,注明日期,附必要的照片资料。

12.5.4　裂缝观测周期

裂缝观测的周期应视裂缝变化速度而定。通常开始可半月测一次,以后一月左右测一次。当发现裂缝加大时,应增加观测次数,直至几天或逐日一次的连续观测。

12.5.5　提交成果

裂缝观测需要提交的成果主要包括:裂缝分布位置图;裂缝观测记录表(如表 12.4 所示);变形观测日报表(如表 12.5 所示);观测成果分析说明资料,当建筑物裂缝和基础沉降同时观测时,可选择典型剖面绘制二者的关系曲线;裂缝观测报告。

表 12.4 混凝土裂缝观测记录表

施工单位:×× 公司　　　　　　　　　　　　　　　　　　　　　　　　　　　　　　　　编号:

观测部位:	×× 分离桥(桥面裂缝)	观测示意图:
	观测日期	
起始日期:	2024 年 4 月 27 日	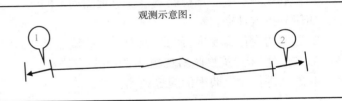
结束日期:	2024 年 6 月 24 日	

续表

日期		1号点			2号点			观测人	监理
		间距（mm）	增量（mm）		间距（mm）	增量（mm）			
			本次	累计		本次	累计		
2024/4/27	缝长	32.26	0	0	29.13	0	0		
	测点宽度	25.15	0	0	26.25	0	0		
2024/5/4	缝长	37.38	5.12	5.12	35.95	6.82	6.82		
	测点宽度	25.17	0.02	0.02	26.27	0.02	0.02		
…	…	…	…	…	…	…	…	…	…
2024/6/17	缝长	49.63	1.35	17.37	47.75	1.24	18.62		
	测点宽度	25.19	0	0.04	26.3	0	0.05		
2024/6/24	缝长	49.63	0	17.37	47.75	0	18.62		
	测点宽度	25.19	0	0.04	26.3	0	0.05		

项目负责人：　　　观测：　　　计算：　　　检查：

表 12.5　变形观测日报表

观测工点名称：　　　　　　报表编号：　　　　　　　　天气：
本次监测时间：　　　　　　上次监测时间：

仪器型号：　　　　　　　仪器出厂编号：　　　　　　检定日期：

监测点号	初始值（m）	本次观测值（m）	上次观测值（m）	本次变化量（mm）	上次累计变化量（mm）	本次累计变化量（mm）	变化速率（mm/d）	控制值		预警等级	备注
								变化速率值（mm/d）	累计变化值（mm）		
××	2.925 5	2.919 0	2.919 6	−0.6	−5.9	−6.5	−0.2	3	20		

施工工况：现场暂未施工

监测结论及建议：通过监测数据显示，各监测点变化速率较小，未出现超预警的情况

填写说明：−号表示下沉，无±号表示起拱。

课后思考

1. 变形观测有哪些项目？制定变形观测周期的依据是什么？变形观测资料说明什么问题？如何分析这种资料？

2. 建筑物为什么要进行沉降观测？它的特点是什么？

3. 试述建（构）筑物倾斜观测、位移观测方法。

4. 怎样进行建筑墙面的裂缝观测？